Windows 10

深度攻略

第2版

李丽娜　李爱凤　编著

人民邮电出版社

北京

图书在版编目（CIP）数据

Windows 10深度攻略 / 李丽娜，李爱凤编著. -- 2
版. -- 北京 : 人民邮电出版社，2020.6
ISBN 978-7-115-53539-9

Ⅰ. ①W… Ⅱ. ①李… ②李… Ⅲ. ①Windows操作系
统 Ⅳ. ①TP316.7

中国版本图书馆CIP数据核字(2020)第040778号

内 容 提 要

本书由浅入深、循序渐进地讲解了 Windows 10 操作系统的使用方法，以及一些高级的管理和应用技巧，以便读者能够更加深入地使用 Windows 10 操作系统。

本书以 Windows 10 的相关管理任务为主线，内容由浅入深，包括体验全新的 Windows 10，Windows 10 的安装，Windows 10 的基本设置，打造属于自己的 Windows 10，高效管理文件与文件夹，精通 Windows 10 文件系统，软硬件的添加、管理和删除，体验精彩的 Windows 10 云，Windows 10 的备份与还原，Windows 10 多媒体管理与应用，Windows 10 共享与远程操作，玩转 Cortana 助手，优化 Windows 10，Hyper-V 虚拟化，Windows 10 系统故障解决方案等内容。

本书适合计算机初学者、计算机办公人员学习与参考。需要进行一些管理操作的熟练用户、计算机管理员也可以参考本书。

◆ 编　著　李丽娜　李爱凤
　　责任编辑　李永涛
　　责任印制　王　郁　马振武

◆ 人民邮电出版社出版发行　　北京市丰台区成寿寺路 11 号
　　邮编　100164　电子邮件　315@ptpress.com.cn
　　网址　https://www.ptpress.com.cn
　　涿州市京南印刷厂印刷

◆ 开本：787×1092　1/16
　　印张：22.5　　　　　　　　　2020 年 6 月第 2 版
　　字数：451 千字　　　　　　　2020 年 6 月河北第 1 次印刷

定价：69.80 元

读者服务热线：(010)81055410　印装质量热线：(010)81055316
反盗版热线：(010)81055315
广告经营许可证：京东工商广登字 20170147 号

前言

如果说 Windows Vista 是"花瓶"，界面好看，但不实用，那么 Windows 7 就是微软一个在功能、体验上实现全面优化的得意之作。Windows 7 较 Windows Vista 有了巨大的进步。Windows 7 的下一代系统 Windows 8 不是一个很成功的作品。之后，微软似乎跟大家开了个小小的玩笑，Windows 8 操作系统的下一代产品的版本标识并不是大家认为的 Windows 9，而是直接跳到了 Windows 10。

Windows 10 操作系统可以说是微软的涅槃重生之作，虽然发行多年的 Windows XP 和 Windows 7 仍然在普遍使用，但 Windows 10 的市场占有率一直在不断上升，Windows 10 操作系统的重任便是逐渐取代 Windows XP 和 Windows 7。相对于 Windows 8 中饱受诟病的应用，Windows 10 中的应用商店提供的应用大幅优化，网易云音乐、爱奇艺、淘宝等优秀的 UWP 应用已经上线，为用户提供优质的体验，Windows 10 也优化了高分屏的显示效果，系统图标支持 4K 分辨率。

距 Windows 10 的发布已经有一段时间了，越来越多的人开始使用 Windows 10 进行工作、学习、娱乐，掌握 Windows 10 操作系统的相关知识已经越来越必要。目前，市场份额最高的 Windows 7，已经在 2013 年 10 月 31 日停止零售，2014 年 10 月 31 日停止预装（专业版除外）。微软改变了曾经封闭式的 Windows 操作系统开发，转而听取用户的反馈，使用 Windows 10 的用户可以加入 Windows Insider 计划，与全球数百万的用户一起帮助微软改进 Windows 10 操作系统。

Windows 10 操作系统在易用性和安全性方面较之前的操作系统有了很大的提升，在开发 Windows 10 的过程中，微软广泛听取了用户的意见和建议，并采纳了部分呼声很高的建议。Windows 10 操作系统除了针对云服务、智能移动设备、自然人机交互等新技术进行融合外，还对新兴的硬件兼容性进行了优化和完善，固态硬盘、生物识别、高分辨率屏幕等硬件现在可以轻松地在 Windows 10 操作系统上使用。

Windows 10 操作系统作为微软最新一代的产品，备受各界关注。很多人希望知道 Windows 10 操作系统究竟有哪些大的变革，究竟它与目前占据最大份额的 Windows XP、Windows 7 操作系统有何区别，它添加的新特性如何使用，这就是本书要讲解的内容。

本书旨在通过深入挖掘 Windows 10 操作系统的内置功能和技术，为读者提供使用 Windows 10 操作系统的新方式，并提供一些常规的操作方法，帮助广大读者熟练操作 Windows 10。为了更好地阐述 Windows 10 的功能和使用方法，本书大部分操作附有截图以减少文字的枯燥描述。

尽管作者尽了最大的努力，但鉴于水平所限，书中难免有疏漏和不足之处，恳请广大读者批评指正。

编者

2019 年 12 月

目录 CONTENTS

第 11 章　Windows 10 共享与远程操作 266

第 12 章　玩转 Cortana 助手 290

第 13 章　优化 Windows 10 298

第 1 章

体验全新的 Windows 10

Windows 10 系统作为微软推出的最新力作，一经上市就受到广大用户的追捧，市场占有率持续增加。下面就让我们一起开始精彩的 Windows 10 之旅吧！

1.1　Windows 10 概述

作为当前市场占有率最为广泛的操作系统系列，微软操作系统一直以来深受全球各个国家和地区用户的喜爱，从最初的 Windows XP，再到后来的 Windows 7、Windows 8，均获得了不俗的口碑。随着互联网浪潮的推进，移动端市场发展迅猛，扁平化成为了当今市场的主流。

为紧随时代发展，2014 年 10 月 1 日，微软在旧金山召开新品发布会，对外展示了新一代 Windows 操作系统，并将它命名为 "Windows 10"。新系统的名称跳过了数字 "9"。

2015 年 1 月 21 日，微软在华盛顿发布新一代 Windows 系统，并表示向运行 Windows 7、Windows 8.1 及 Windows Phone 8.1 的所有设备提供，用户可以在 Windows 10 发布后的第一年享受免费升级服务。

2015 年 2 月 13 日，微软正式开启 Windows 10 手机预览版更新推送计划。

2015 年 3 月 18 日，微软中国官网正式推出 Windows 10 中文介绍页面。

2015 年 4 月 22 日，微软推出 Windows Hello 和微软 Passport 用户认证系统，公布名为 "Device Guard"（设备卫士）的安全功能。

2015 年 4 月 29 日，微软宣布 Windows 10 采用同一个应用商店，提供的应用适用于 Windows 10 支持的所有设备，同时支持 Android 和 iOS 程序。

2015 年 7 月 29 日，微软发布 Windows 10 正式版。

1.2　全新的开始菜单

Windows 10 操作系统全新的开始菜单，更加扁平化，且功能更加丰富，操作更加人性化。

单击任务栏左下角开始菜单图标█，弹出 "开始" 菜单，如图 1-1 所示。整个菜单分为两大区域。左半区域为常规设置区域，与 Windows 7 系统类似，如图 1-2 所示；右半区域为磁贴区域，如图 1-3 所示，可以将我们常用的软件快捷方式固定到此区域，起到快捷方式的作用。

图 1-1

图 1-2

图 1-3

1.3 全新的桌面主题

Windows 10 系统采用全新的主体方案，采用当下流行的扁平化元素处理，窗口、窗口中元素、各类图标均进行了重做，主题、背景、颜色、锁屏界面等，支持主题整体风格的自定义设置，如图 1-4 所示。此部分内容在本书 4.1 节将有详细介绍。

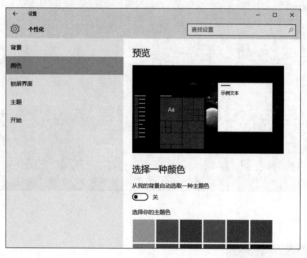

图 1-4

1.4 全新的任务栏

Windows 10 全新的任务栏支持任务列表跳转的功能，我们日常固定到任务栏中的各种应用，不再仅仅是以一个快捷方式图标的存在。右键单击某个应用图标，例如，在任务栏上右键单击 Windows 10 系统新提供的 Edge 浏览器图标，如图 1-5 所示，在弹出框中的任务栏下选择"Microsoft Edge"选项即可快速打开新浏览器，是不是很方便？同时，新的任务栏同样支持右键快速跳转文件或文件夹使用记录功能。

图 1-5

说明：任务列表跳转功能需要应用程序本身的支持，目前大部分应用是支持任务栏的列表跳转功能的。

1.5　全新的控制面板

Windows 10 系统极大地弱化了传统控制面板的概念，强化 Modern 的使用，可以说，Modern 就是传统控制面板的替代品，且功能更为强大，操作设置更为合理与人性化，如图 1-6 所示。此部分内容在本书 3.8 节将有详细介绍。

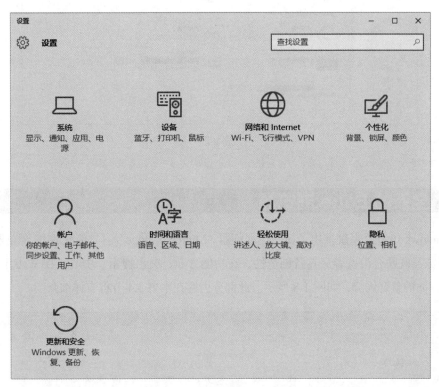

图 1-6

1.6　全新的文件资源管理器

Windows 10 新版的文件资源管理器，借鉴了原本只有在应用软件（如 Microsoft Office 2016）中存在的标签页结构的用户界面，增加了"功能区"和"快速访问栏"，如图 1-7 所示。怎么样？是不是像打开了个 Office Word？此部分内容在本书 3.3 节将有详细介绍。

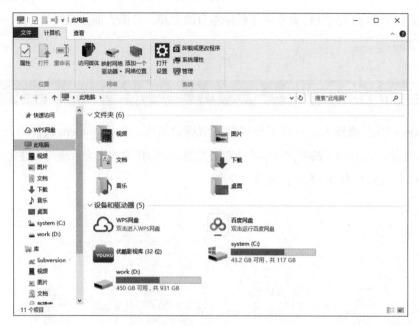

图 1-7

1.7 全新的 Edge 浏览器

Windows 10 操作系统推出了新一代浏览器"Microsoft Edge"。与传统的 IE 浏览器不同，Edge 浏览器既贴合消费者又具备创造性，在功能方面，突出搜索、中心、在 Web 上写入、阅读等方面的整合优势，如图 1-8 所示。此部分内容在本书 3.4 节将有详细介绍。

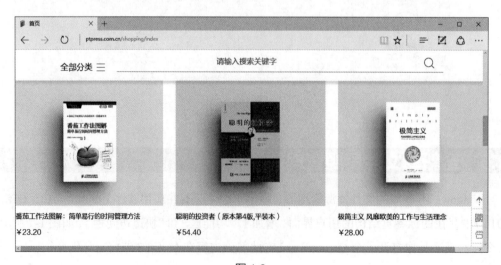

图 1-8

1.8 其他新特性

1.8.1 便捷的操作中心

Windows 10 操作系统引入了操作中心的概念，内容包括通知和设置两大方面。我们可以在通知区域查看各类系统、邮件通知等信息，在设置区域进行平板模式、连接、便签、投影、节电模式、VPN、蓝牙、免打扰时间、定位、飞行模式等设置，如图 1-9 所示。此部分内容在本书 3.5 节将有详细介绍。

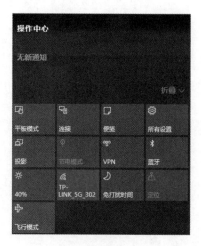

图 1-9

1.8.2 强大的搜索功能

Windows 10 操作系统提供了强大的搜索功能，可按照文件、文件夹、图片、视频、音乐等各种类型进行搜索，且支持与 Cortana 的高度集成。此部分内容在本书 3.7 节将有详细介绍。

1.8.3 Cortana 助手

"小娜"是微软最新推出的智能人机交互工具，是微软在机器学习与人工智能领域的全新尝试，Cortana 会根据用户的操作行为与使用习惯，结合微软自身在云计算、必应搜索等领域的优势及现实场景，来帮助用户进行日常系统的使用，此部分内容在本书"第 12 章 玩转 Cortana 小娜助手"中将有详细介绍。

1.8.4 神奇的分屏

当我们工作内容繁多、打开软件窗口过多时，由于任务栏容量有限，会有一部分图标被压缩隐藏起来，每次调出窗口时，需要我们再手工去隐藏列表中查找，很是麻烦，效率也低。那么，有没有一种不被隐藏、能随时调出应用页面的方法呢？答案是有的，那就是微软推出的神奇的分屏功能。

Windows 10 的分屏，可以在当前系统中虚拟出任意多个新窗口，每个窗口中的内容均独立存在，我们可根据自身的实际使用情况，在不同的虚拟窗口中打开相应的软件，实际使用过程中，我们仅需要在不同的虚拟窗口间切换即可，从而大大提高工作效率。此部分内容在本书 3.6 节将有详细介绍。

第 2 章
Windows 10 的安装

如果是新购买的计算机，可能已经预装了 Windows 10 系统。但如果用户之前安装的是其他操作系统，希望体验一下 Windows 10，就需要自己安装了。本章介绍 Windows 10 的安装和更新操作。

2.1 Windows 10 的版本和安装需求

在安装 Windows 10 之前，我们需要知道要安装的 Windows 10 的版本及我们的计算机是否满足安装 Windows 10 的要求。

2.1.1 Windows 10 的版本

Windows 10 目前被划分为 7 个版本，分别对应不同的用户和需求。下面介绍各个版本。

- 家庭版（Windows 10 Home）：家庭版主要面向大部分的普通用户，我们在商场里面购买的基本上都是预装的家庭版系统。这个版本拥有 Windows 10 的：Cortana 语音助手、Edge 浏览器、面向触控屏设备的 Continuum 平板电脑模式、Windows Hello（脸部识别、虹膜、指纹登录）、串流 Xbox One 游戏的能力、微软开发的通用 Windows 应用（Photos、Maps、Mail、Calendar、Music 和 Video）等主要功能。

- 专业版（Windows 10 Professional）：专业版主要面向中小型企业用户。除具有 Windows 10 家庭版的功能外，它还使用户能管理设备和应用，保护敏感的企业数据，支持远程和移动办公，使用云计算技术。另外，它还带有 Windows Update for Business，微软承诺该功能可以降低管理成本、控制更新部署，让用户更快地获得安全补丁软件。

- 企业版（Windows 10 Enterprise）：企业版主要面向中大型企业用户。企业版以专业版为基础，增添了大中型企业用来防范针对设备、身份、应用和敏感企业信息的现代安全威胁的先进功能，供微软的批量许可客户使用，用户能选择部署新技术的节奏，其中包括使用 Windows Update for Business 的选项。作为部署选项，Windows 10 企业版将提供长期服务分支。

- 教育版（Windows 10 Education）：教育版以 Windows 10 企业版为基础，面向学校职员、管理人员、教师和学生。它通过面向教育机构的批量许可计划提供给学校和教育机构。

- 移动版（Windows 10 Mobile）：移动版面向尺寸较小、配置触控屏的移动设备，如智能手机和小尺寸平板电脑，集成有与 Windows 10 家庭版相同的通用 Windows 应用和针对触控操作优化的 Office。部分新设备可以使用 Continuum 功能，因此连接外置大尺寸显示屏时，用户可以把智能手机当作计算机使用。

- 企业移动版（Windows 10 Mobile Enterprise）：企业移动版以 Windows 10 移动版为基础，面向企业用户。它将提供给批量许可客户使用，增添了企业管理更新以及及时获得更新和安全补丁软件的方式。企业移动版适用于智能手机和小型平板设备。

- 物联网版（Windows 10 IoT Core）：面向小型低价设备，主要针对物联网设备，如

ATM、零售终端、手持终端和工业机器人等。

2.1.2 安装 Windows 10 的硬件要求

Windows 10 大幅降低了用户对硬件的要求，目前大部分的计算机可以安装 Windows 10。微软给出的最低需求如下。

- 处理器：1GHz 或更快的处理器或 SoC。
- 内存：1GB（32 位）或 2GB（64 位）。
- 硬盘空间：16GB（32 位）或 20GB（64 位）。
- 显卡：支持 DirectX 9 或更高版本（包含 WDDM 1.0 驱动程序）。
- 显示器：分辨率最低应支持 800×600。

满足以上需求的计算机基本上可以安装 Windows 10 操作系统。

2.2 安装操作系统前必读

随着时代的发展，操作系统的安装变得越来越简单、越来越智能化，需要用户干预的地方越来越少。但是对于初学者而言，自行安装操作系统之前，有一些基础知识是必须掌握的。如果没有做好准备就自行安装，很有可能安装失败。下面介绍安装操作系统之前需要掌握的基本知识。

2.2.1 BIOS ——操作系统和硬件间的桥梁

BIOS 是英文 Basic Input Output System 的简称，直译过来后中文名称就是"基本输入输出系统"，是计算机中最重要的组成部分之一。它是一组固化到计算机内主板上一个 ROM 芯片上的程序，保存着计算机最重要的基本输入输出的程序、开机后自检程序和系统自启动程序，可以从 CMOS 中读写系统设置的具体信息。其主要功能是为计算机提供最底层、最直接的硬件设置和控制。使用 BIOS 设置程序还可以排除系统故障或诊断系统问题。BIOS 应该是连接操作系统与硬件设备的一座"桥梁"，负责解决硬件的即时要求。

BIOS 设置程序是存储在 BIOS 芯片中的，BIOS 芯片是主板上一块长方形或正方形的芯片。早期的芯片有 ROM（只读存储器）、EPROM（可擦除可编程只读存储器）、E^2PROM（电可擦除可编程只读存储器）等。随着科技的进步和操作系统对硬件更高的响应要求，现在的 BIOS 程序一般存储在 NORFlash（非易失闪存）芯片中。NORFlash 除了容量比 E^2PROM 更大外，主要是 NORFlash 具有写入功能，运行计算机通过软件的方式进行 BIOS 的更新，而无须额外的硬件支持（通常 E^2PROM 的擦写需要不同的电压和条件），且写入速度快。

一、BIOS 的 3 个主要功能

- 中断服务程序：中断服务程序是计算机系统软、硬件之间的一个可编程接口，用于程序软件功能与计算机硬件实现的衔接。操作系统对外围设备的管理即建立在中断服务程序的基础上。程序员也可以通过对 INT 5、INT 13 等中断的访问直接调用 BIOS。

- 系统设置程序：计算机部件配置情况是放在一块可读写的 CMOS 芯片中的，它保存着系统 CPU、硬盘驱动器、显示器、键盘等部件的信息。关机后，系统通过一块后备电池向 CMOS 供电以保持其中的信息。如果 CMOS 中关于计算机的配置信息不正确，会导致系统性能降低、硬件不能识别，并由此引发一系列的软、硬件故障。在 BIOS ROM 芯片中装有一个"系统设置程序"，用来设置 CMOS 中的参数。这个程序一般在开机时按下一个或一组键即可进入，它提供了良好的界面供用户使用。这个设置 CMOS 参数的过程，习惯上也称为"BIOS 设置"。新购的计算机或新增了部件的系统，都需进行 BIOS 设置。

- 上电自检（POST）：计算机接通电源后，系统将有一个对内部各个设备进行检查的过程，这是由一个通常称为 POST（Power On Self Test，上电自检）的程序来完成的，这也是 BIOS 的一个功能。POST 自检通过读取存储在 CMOS 中的硬件信息识别硬件配置，同时对其进行检测和初始化。自检中若发现问题，系统将给出提示信息或鸣笛警告。

有时我们需要修改 BIOS 的信息来进行操作系统的安装，那么如何进入 BIOS 界面呢？当打开计算机时，屏幕上一般会出现品牌机启动画面或主板 LOGO 画面，在屏幕的左下角一般会有一行字提示如何进入 BIOS 设置。我们按照提示按键盘上相应的按键即可。

下面列出了部分品牌主板和计算机进入 BIOS 设置界面的快捷键。由于同品牌计算机随着时间的不同，进入 BIOS 的方式也不太相同，如果按照提供的快捷键无法进入，可以参考主板或计算机的说明书。

（1）DIY 组装机主板类。

- 华硕主板：F8。
- 技嘉主板：F12。
- 微星主板：F11。
- 映泰主板：F9。
- 梅捷主板：Esc 或 F12。
- 七彩虹主板：Esc 或 F11。

- 华擎主板：F11。
- 斯巴达卡主板：Esc。
- 昂达主板：F11。
- 双敏主板：Esc。
- 翔升主板：F10。
- 精英主板：Esc 或 F11。

（2）品牌笔记本。

- 联想笔记本：F12。
- 宏碁笔记本：F12。
- 华硕笔记本：Esc。
- 惠普笔记本：F9。
- 戴尔笔记本：F12。
- 神舟笔记本：F12。
- 东芝笔记本：F12。
- 三星笔记本：F12。

（3）品牌台式机。

- 联想台式机：F12。
- 惠普台式机：F12。
- 宏碁台式机：F12。
- 戴尔台式机：Esc。
- 神舟台式机：F12。
- 华硕台式机：F8。
- 方正台式机：F12。
- 清华同方台式机：F12。
- 海尔台式机：F12。
- 明基台式机：F8。

生产 BIOS 的厂商很多，并且品牌机会对 BIOS 进行个性化定制，所以 BIOS 的界面各式各样，不过其中大部分是英文界面。下面以某品牌计算机为例介绍 BIOS 选项，其他品牌计算机可能设置上有不一样的地方，但是大部分设置是通用的。

- Main 标签：主要用来设置时间和日期。显示计算机的硬件相关信息，如序列号、CPU 型号、CPU 速度、内存大小等。

- Advanced 标签：主要用来进行 BIOS 的高级设置。如启动方式、开机显示、USB 选项、硬盘工作模式等。
- Security 标签：主要用来进行安全相关的设置。可以设置 BIOS 管理员密码、开机密码、硬盘密码。
- Boot 标签：用来设置计算机使用启动设备的顺序。
- Exit 标签：退出 BIOS 设置。在这里可以选择保存当时的修改，或者放弃修改直接退出。如果 BIOS 设置出现问题，还可以在这个界面载入初始设置。

二、主引导记录和分区表

（1）主引导记录。

计算机开机后，BIOS 首先进行自检和初始化，然后开始准备操作系统数据。这时就需要访问硬盘上的主引导记录。

主引导记录（MBR，Main Boot Record）是位于磁盘最前边的一段引导代码。它负责磁盘操作系统对磁盘进行读写时分区合法性的判别、分区引导信息的定位，是由磁盘操作系统在对硬盘进行初始化时产生的。

通常，我们将包含 MBR 引导代码的扇区称为主引导扇区。因这一扇区中引导代码占有绝大部分空间，所以习惯上将该扇区称为 MBR 扇区（简称 MBR）。由于这一扇区是管理整个磁盘空间的一个特殊空间，不属于磁盘上的任何分区，因此分区空间内的格式化命令不能清除主引导记录的任何信息。

（2）主引导记录的组成。

- 启动代码：主引导记录最开头是第一阶段引导代码。其中，硬盘引导程序的主要作用是检查分区表是否正确，并且在系统硬件完成自检以后将控制权交给硬盘上的引导程序（如 GNU GRUB）。它不依赖任何操作系统，而且启动代码也是可以改变的，从而能够实现多系统引导。
- 硬盘分区表：硬盘分区表占据主引导扇区的 64 个字节（偏移 01BEH ～ 偏移 01FDH），可以对 4 个分区的信息进行描述，其中每个分区的信息占据 16 个字节。每个字节的定义可以参考硬盘分区结构信息。
- 结束标志：结束标志字 55 AA（偏移 1FEH ～ 偏移 1FFH）最后两个字节，是检验主引导记录是否有效的标志。

（3）分区表。

分区表是存储磁盘分区信息的一段区域。

传统的分区方案（称为 MBR 分区方案）是将分区信息保存到磁盘的第一个扇区（MBR

扇区）的 64 个字节中，每个分区项占用 16 个字节，这 16 个字节中存有活动状态标志、文件系统标识、起止柱面号、磁头号、扇区号、隐含扇区数目（4 个字节）、分区总扇区数目（4 个字节）等内容。因为 MBR 扇区只有 64 个字节用于分区表，所以只能记录 4 个分区的信息。后来为了支持更多的分区，引入了扩展分区及逻辑分区的概念，但每个分区项仍用 16 个字节存储。

2.2.2 磁盘分区

计算机中存放信息的主要存储设备就是硬盘，但是硬盘不能直接使用，必须对硬盘进行分割，分割成的一块一块的硬盘区域就是磁盘分区。在传统的磁盘管理中，将一个硬盘分为：主分区和扩展分区两大类分区。

- 主分区：主分区通常位于硬盘最前面的一块区域中，构成逻辑 C 磁盘。其中的主引导程序是它的一部分，此段程序主要用于检测硬盘分区的正确性，并确定活动分区，负责把引导权移交给活动分区的操作系统。如果这个分区的数据损坏，将无法从硬盘启动操作系统。

- 扩展分区：除主分区外的其他用于存储的磁盘区域，称为扩展分区。扩展分区不可以直接进行存储数据，它需要分成逻辑磁盘才可以被用来读写数据。如图 2-1 所示，左侧深蓝色的区域是主分区，右侧浅蓝色的区域是扩展分区。"D:"和"E:"是两个逻辑磁盘。

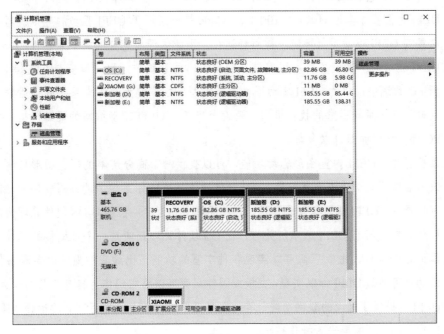

图 2-1

2.2.3 UEFI——新的计算机硬件接口

UEFI，全称为统一的可扩展固件接口（Unified Extensible Firmware Interface），是一种详细描述类型接口的标准。这种接口用于操作系统自动从预启动的操作环境，加载到一种操作系统上。

UEFI 是以 EFI 1.10 为基础发展起来的。EFI 中文名为可扩展固件接口，是 Intel 公司为 PC 固件的体系结构、接口和服务提出的建议标准。其主要目的是提供一组在 OS（操作系统）加载之前（启动前）在所有平台上一致的、正确指定的启动服务，被看作是有 20 多年历史的 BIOS 的继任者。

与传统的 BIOS 相比，UEFI 有以下优点。

- 纠错特性：与 BIOS 显著不同的是，UEFI 采用模块化、C 语言风格的参数堆栈传递方式、动态链接的形式构建系统，它比 BIOS 更易于实现，容错和纠错特性更强，从而缩短了系统研发的时间。更加重要的是，它运行于 32 位或 64 位模式，突破了传统 16 位代码的寻址能力，达到处理器的最大寻址，此举克服了 BIOS 代码运行缓慢的弊端。

- 兼容性：与 BIOS 不同的是，UEFI 体系的驱动并不是由直接运行在 CPU 上的代码组成的，而是用 EFI Byte Code（EFI 字节代码）编写而成的。Java 是以 Byte Code 形式存在的，正是这种没有一步到位的中间性机制，使 Java 可以在多种平台上运行。UEFI 也借鉴了类似的做法。EFI Byte Code 是一组用于 UEFI 驱动的虚拟机器指令，必须在 UEFI 驱动运行环境下被解释运行，由此保证了充分的向下兼容性。一个带有 UEFI 驱动的扩展设备既可以安装在使用安卓的系统中，也可以安装在支持 UEFI 的新 PC 系统中，它的 UEFI 驱动不必重新编写，这样就无须考虑系统升级后的兼容性问题。基于解释引擎的执行机制，还大大降低了 UEFI 驱动编写的复杂门槛，所有的 PC 部件提供商都可以参与。

- 鼠标操作：UEFI 内置图形驱动功能，可以提供一个高分辨率的彩色图形环境，用户进入后能用鼠标单击调整配置，一切就像操作 Windows 系统下的应用软件一样简单。

- 可扩展性：UEFI 使用模块化设计，它在逻辑上分为硬件控制与 OS 软件管理两部分，硬件控制为所有 UEFI 版本所共有，而 OS 软件管理其实是一个可编程的开放接口。借助这个接口，主板厂商可以实现各种丰富的功能。比如我们熟悉的各种备份及诊断功能可通过 UEFI 加以实现，主板或固件厂商可以将它们作为自身产品的一大卖点。UEFI 也提供了强大的联网功能，其他用户可以对你的主机进行可靠的远程故障诊断，而这一切并不需要进入操作系统。

因为 UEFI 标准出现得比较晚，所以如果启用了 UEFI，则只能安装特定版本的 Windows。Windows 支持 UEFI 的情况如图 2-2 所示。

| 平台 | 操作系统 | 系统盘 | | 系统启动方式 | 数据盘 |
		GPT	UEFI		GPT
Windows	Windows XP 32bit	不支持	不支持	1	不支持
	Windows XP 64bit	不支持	不支持	1	支持
	Windows Vista/7 32bit	不支持	不支持	1	支持
	Windows Vista/7 64bit	GPT 需要 UEFI		1、2	支持
	Windows 8/8.1 32bit	不支持	支持	1	支持
	Windows 8/8.1 64bit	GPT 需要 UEFI		1、2	支持
	Windows 10 32bit	不支持	支持	1	支持
	Windows 10 64bit	GPT 需要 UEFI		1、2	支持

图 2-2

2.2.4　MBR 分区表和 GPT 分区表

由于磁盘容量越来越大，传统的 MBR（主引导记录）分区表已经不能满足大容量磁盘的需求。传统的 MBR 分区表只能识别磁盘前面 2.2TB 左右的空间，对于后面的多余空间只能浪费掉，而对于单盘 4TB 的磁盘，只能利用一半的容量。因此，就有了 GPT（全局唯一标识）分区表。

除此以外，MBR 分区表只能支持 4 个主分区或 3 个主分区 +1 个扩展分区（包含随意数目的逻辑分区），而 GPT 分区表在 Windows 下可以支持多达 128 个主分区。

下面介绍 MBR 分区表和 GPT 分区表的区别。

一、MBR 分区表

在传统硬盘分区模式中，引导扇区是每个分区（Partition）的第一扇区，主引导扇区是硬盘的第一扇区。主引导扇区由主引导记录 MBR、硬盘分区表 DPT 和硬盘有效标志 3 部分组成。在总共 512 个字节的主引导扇区里，MBR 占 446 个字节；第二部分是 Partition table 区（分区表），即 DPT，占 64 个字节，硬盘中有多少分区及每一分区的大小都记在其中；第三部分是 magic number，占 2 个字节，固定为 55AA。一个扇区的硬盘主引导记录 MBR 由 3 部分组成。

- 主引导程序（偏移地址 0000H ～ 0088H），它负责从活动分区中装载并运行系统引导程序。
- 分区表（DPT，Disk Partition Table），含 4 个分区项，偏移地址 01BEH ～ 01FDH，每个分区表项长 16 个字节，共 64 个字节为分区项 1、分区项 2、分区项 3、分区项 4。

- 结束标志字，偏移地址 01FE ~ 01FF 的 2 个字节值为结束标志 55AA。如果该标志错误，系统就不能启动。

二、GPT 分区表

GPT 的分区信息在分区中，而不像 MBR 一样在主引导扇区。为保护 GPT 不受 MBR 类磁盘管理软件的危害，GPT 在主引导扇区建立了一个保护分区（Protective MBR）的 MBR 分区表（此分区并不是必要），这种分区的类型标识为 0xEE，这个保护分区的大小在 Windows 下为 128MB，在 Mac OS X 下为 200MB，在 Window 磁盘管理器里名为 GPT 保护分区，可让 MBR 类磁盘管理软件把 GPT 看成一个未知格式的分区，而不是错误地当成一个未分区的磁盘。

另外，为了保护分区表，GPT 的分区信息在每个分区的头部和尾部各保存了一份，以便分区表丢失以后进行恢复。

基于 x86/64 的 Windows 想要从 GPT 磁盘启动，主板的芯片组必须支持 UEFI（这是强制性的，但是如果仅把 GPT 用作数据盘则无此限制），如 Windows 8/Windows 8.1 支持从 UEFI 引导的 GPT 分区表上启动，大多数预装 Windows 8 系统的计算机也逐渐采用了 GPT 分区表。至于如何判断主板芯片组是否支持 UEFI，一般可以查阅主板说明书或厂商的网站，也可以通过查看 BIOS 设置里面是否有 UEFI 字样。

2.2.5 配置基于 UEFI/GPT 的硬盘驱动器分区

当我们在基于 UEFI 的计算机安装 Windows 时，必须使用 GUID 分区表（GPT）文件系统对包括 Windows 分区的硬盘驱动器进行格式化。其他驱动器可以使用 GPT 或主启动记录（MBR）文件格式。

一、Windows RE 工具分区

- 该分区必须至少为 300MB。
- 该分区必须为 Windows RE 工具映像（winre.wim，至少为 250MB）分配空间。此外，还要有足够的可用空间以便备份实用程序捕获到该分区。
- 如果该分区小于 500MB，则必须至少具有 50MB 的可用空间。
- 如果该分区等于或大于 500MB，则必须至少具有 320MB 的可用空间。
- 如果该分区大于 1GB，建议应至少具有 1GB 的可用空间。
- 该分区必须使用 Type ID: DE94BBA4-06D1-4D40-A16A-BFD50179D6AC。
- Windows RE 工具应处于独立分区（而非 Windows 分区），以便为自动故障转移和启动 Windows BitLocker 驱动器加密的分区提供支持。

二、系统分区

- 计算机应含有一个系统分区。在可扩展固件接口（EFI）和 UEFI 系统上，这也可称为 EFI 系统分区或 ESP。该分区通常存储在主硬盘驱动器上，计算机启动到该分区。
- 该分区的最小规格为 100MB，必须使用 FAT32 文件格式进行格式化。
- 该分区由操作系统加以管理，不应含有任何其他文件，包括 Windows RE 工具。
- 对于 Advanced Format 4K Native（4-KB-per-sector）驱动器，由于 FAT32 文件格式的限制，分区容量最小为 260MB。FAT32 驱动器的最小分区容量可按以下方式计算：扇区大小（4KB）×65527=256MB。
- Advanced Format 512e 驱动器不受此限制的影响，因为其模拟扇区大小为 512 个字节。512 个字节 ×65527=32MB，比该分区的最小值 100MB 要小。

下面介绍默认分区配置和建议分区配置。

默认配置：Windows RE 工具、系统、MSR 和 Windows 分区。

Windows 安装程序默认配置包含 Windows 恢复环境 Windows RE 工具分区、系统分区、MSR 和 Windows 分区。图 2-3 所示显示了该配置。该配置可让 BitLocker Drive Encryption 投入使用，并将 Windows RE 存储在隐藏的系统分区中。通过使用该配置，可以将系统工具（如 Windows BitLocker 驱动器加密和 Windows RE）添加到自定义 Windows 安装。

图 2-3

建议配置包括 Windows RE 工具分区、系统分区、MSR、Windows 分区和恢复映像分区。如图 2-4 所示显示了该配置。

图 2-4

在添加 Windows 分区之前添加 Windows RE 工具分区和系统分区，最后添加包含恢复映像的分区。在删除恢复映像分区或更改 Windows 分区大小的此类操作期间，这一分区顺序有助于维护系统和 Windows RE 工具分区的安全。

2.2.6 检测计算机是使用 UEFI 还是传统 BIOS 固件

要查看计算机固件的设置，进入开机设置界面是最好的办法。如果进入操作系统后，还希望查看固件信息，那应该怎么实现呢？

（1）同时按键盘上的 Win + R 组合键，打开"运行"对话框，输入"msinfo32"并按 Enter 键，如图 2-5 所示。

图 2-5

（2）在弹出的"系统信息"窗口中，可以看到 BIOS 模式：如果值为"传统"，则为 BIOS 固件；如果值是"UEFI"，则为 UEFI 固件。如图 2-6 所示。

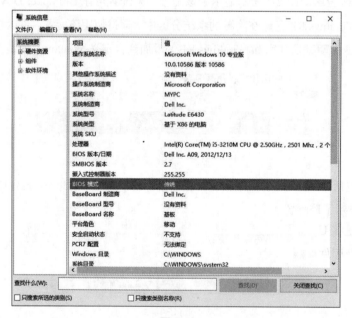

图 2-6

2.2.7 Windows 的启动过程

掌握 Windows 的启动过程对计算机问题分析有很大的帮助。下面简要介绍 Windows 的启动过程。

一、从 BIOS 启动的过程

- 当打开电源后，BIOS 首先执行上电自检（POST）过程。如果自检出现问题，此时无法启动计算机，并且系统会报警。自检完成后，BIOS 开始读取启动设备启动数据。如果是从硬盘启动，BIOS 会读取硬盘中的主引导记录（MBR），然后由主引导记录进行下一步操作。

- 主引导记录（MBR）搜索分区表并找到活动分区，然后读取活动分区的启动管理器（bootmgr），把它写入内存并执行。这一步之后，主引导记录的操作完成，下一步由 bootmgr 进行以后的操作。

- 启动管理器执行活动分区 boot 目录下的启动配置数据（BCD）。启动配置数据中存储了操作系统启动时需要的各种配置。如果有多个操作系统，则启动管理器会让用户选择要启动的操作系统；如果只有一个操作系统，则启动管理器直接启动这个操作系统。

- 启动管理器运行 Windows\system32 目录下的 winload.exe 程序，然后启动管理器的任务就完成。winload 程序会完成后续的启动过程。

二、从 UEFI 启动 Windows 的过程

- 打开电源后，UEFI 模块会读取启动分区内的 bootmgfw.efi 文件并执行，然后由 bootmgfw 执行后续的操作。

bootmgfw 程序读取分区内的 BCD 文件（启动配置数据）。此时与 BIOS 启动一样，如果有多个操作系统，会提示用户选择要启动的操作系统；如果只有一个，则默认启动当前操作系统。

- bootmgfw 读取 winload.efi 文件并启动 winload 程序，由 winload 程序完成后续的启动过程。

2.2.8　Windows 10 的安全启动

安全启动是在 UEFI 2.3.1 中引入的。安全启动定义了平台固件如何管理安全证书、如何进行固件验证及固件与操作系统之间的接口（协议）。

微软的平台完整性体系结构，利用 UEFI 安全启动及固件中存储的证书与平台固件之间创建一个信任根。随着恶意软件的快速演变，恶意软件正在将启动路径作为首选攻击目标。此类攻击很难防范，因为恶意软件可以禁用反恶意软件产品，彻底阻止加载反恶意软件。借助 Windows 10 的安全启动体系结构及其建立的信任根，通过确保在加载操作系统之前，仅能够执行已签名并获得认证的"已知安全"代码和启动加载程序，可以防止用户在根路径中执行恶意代码。

2.3　全新安装 Windows 10

如果计算机系统是 Windows Vista 或之前的操作系统，或者购买计算机时没有预装任何操作系统，就需要全新安装 Windows 10。

2.3.1　安装前的准备工作

在进行 Windows 10 的安装前，为了安装的顺利进行，首先要做一些准备工作。

- 检查计算机的硬件设置是否满足 Windows 10 的安装需求。Windows 10 的安装需求可以参照本书第 2.1.2 小节的说明。

- 准备好 Windows 10 的安装文件。如果从光盘安装，由于微软目前在中国不销售 Windows 10 操作系统的安装光盘，所以需要从官网下载镜像并刻录到光盘。

- 如果是原有的计算机，在安装 Windows 10 之前，需要先对计算机的数据进行备份。

2.3.2　安装 Windows 10

做好了相关的准备工作后，就可以正式开始安装 Windows 10。下面以光盘安装为例来进行说明。

（1）设置计算机从光盘启动。大部分计算机默认是从硬盘启动，因此安装操作系统前，需要先将启动方式修改为从光盘启动计算机。设置好之后就可以打开计算机电源，将光盘放入光驱。

（2）启动计算机后，计算机会读取光盘内容运行 Windows 10 的安装程序。首先进入安装环境设置阶段，设置好语言、时间和货币格式、键盘和输入方法后，单击"下一步"按钮，如图 2-7 所示。

（3）在弹出的窗口中单击"现在安装"按钮，如图 2-8 所示。

图 2-7　　　　　　　　　　　　　　　　图 2-8

（4）如果安装的 Windows 10 操作系统是零售版的，需要输入序列号进行验证。输入完成后单击"下一步"按钮，如图 2-9 所示。

（5）勾选"我接受许可条款"选项，然后单击"下一步"按钮，如图 2-10 所示。

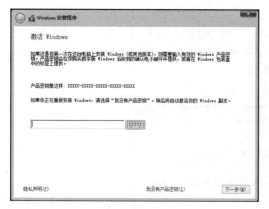

图 2-9

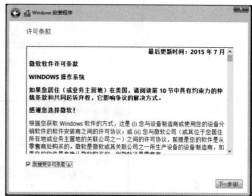

图 2-10

（6）选择安装方式。在弹出的"你想执行哪种类型的安装"窗口中，选择"自定义：仅安装 Windows（高级）（C）"选项，如图 2-11 所示。

（7）在弹出的窗口中，单击右下方的"新建"按钮，然后设置空间的大小，单击"应用"按钮，如图 2-12 所示。

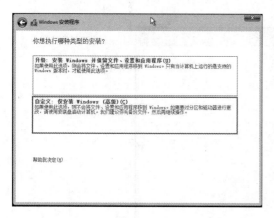

图 2-11

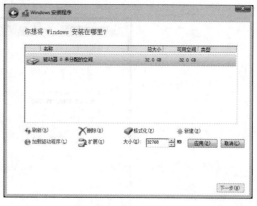

图 2-12

（8）弹出对话框，提示"若要确保 Windows 的所有功能都能正常使用，Windows 可能要为系统文件创建额外的分区"，单击"确定"按钮，如图 2-13 所示。

（9）选择要安装的分区，然后单击"下一步"按钮，如图 2-14 所示。

（10）接下来就进入安装过程。其间可能要重新启动几次，耐心等待即可，如图 2-15 所示。

图 2-13

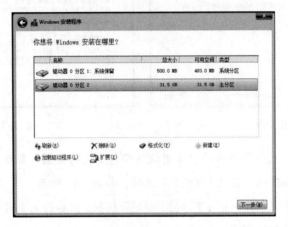

图 2-14

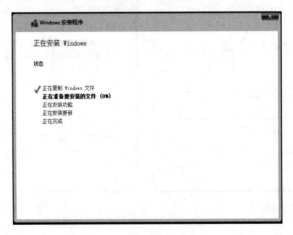

图 2-15

（11）重新启动后，进入"快速上手"界面，允许设置 Windows 的联系人、日历和位置
信息等。这些项目可以自定义设置，也可以使用快速设置。建议使用快速设置，
如图 2-16 所示。单击"使用快速设置"按钮。

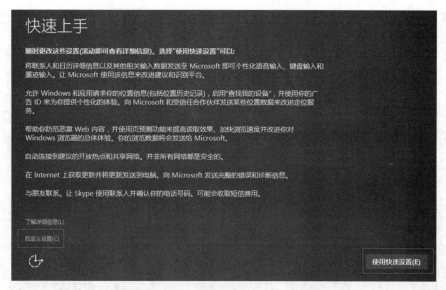

图 2-16

（12）如果安装的是专业版的系统，此时会要求选择计算机的归属，做好选择后进入下一步即可。下面以"我拥有它"为例进行下一步操作，如图 2-17 所示。

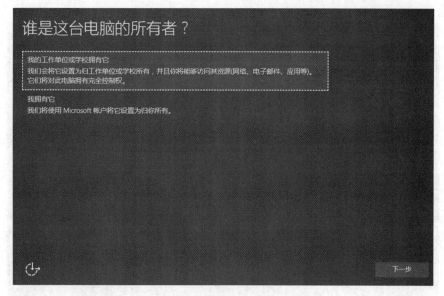

图 2-17

（13）个性化设置界面。如果有 Microsoft 账户，则此时即可以登录；如果没有 Microsoft 账户，也可以在此页面进行创建。当不希望使用 Microsoft 账户时，可以选择跳过此步骤，如图 2-18 所示。

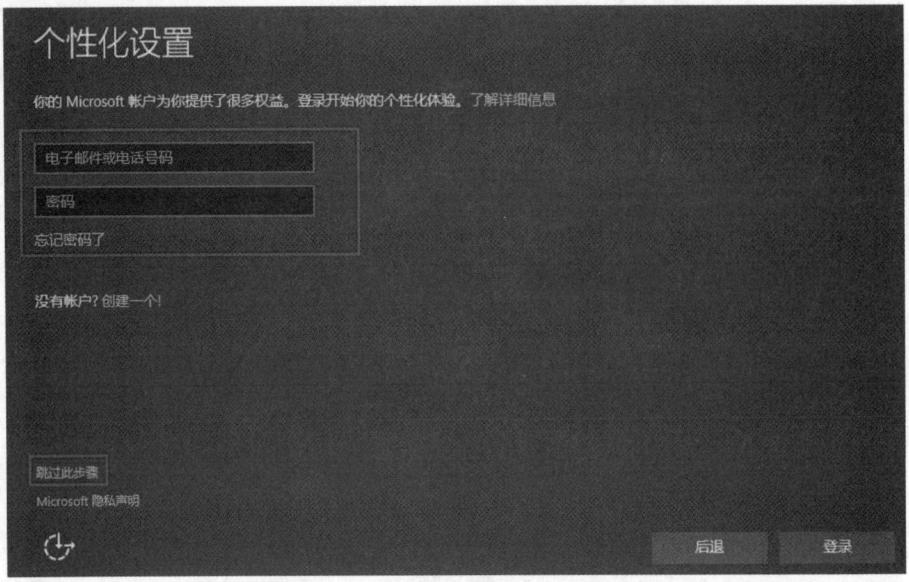

图 2-18

（14）创建账户。输入使用这台计算机的用户名，然后输入密码和密码提示，单击"下一步"按钮，如图 2-19 所示。

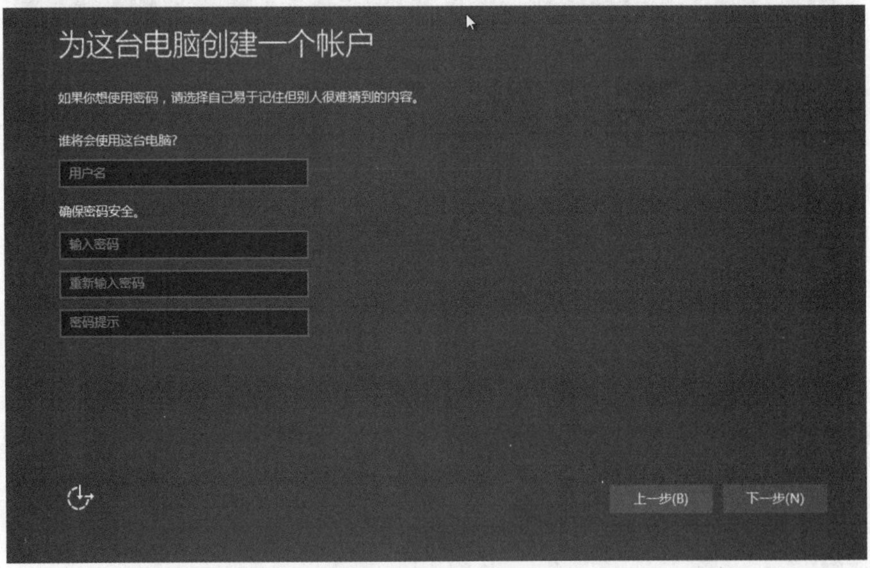

图 2-19

（15）经过一段时间的等待之后，Windows 10 完成了最终的安装，可以开始使用，如图 2-20 所示。

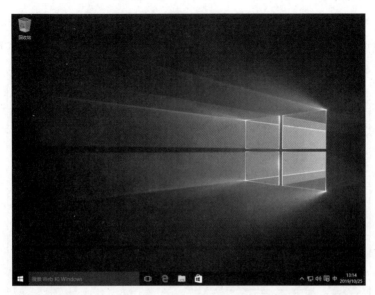

图 2-20

2.4 双系统的安装和管理

虽然 Windows 10 有很多的优点和新的特性，但是有些旧的程序没有为新的系统进行优化，这些程序有时无法在 Windows 10 操作系统中运行。当需要运行它们时，怎么可以兼顾 Windows 10 的优点又可以使用旧的程序呢？可以在计算机上安装两个操作系统，这样在需要的时候，切换不同的操作系统即可。

2.4.1 与 Windows 7 组成双系统

下面以 Windows 7 系统为例，介绍如何安装 Windows 7 和 Windows 10 双系统。双系统的安装一般需要先安装低版本的系统，所以需要先安装 Windows 7 操作系统，安装过程与 Windows 10 系统类似，这里就不做介绍。下面主要介绍安装 Windows 10 之前的准备工作。

（1）Windows 10 的安装介质，以光盘安装为例，用户可以自行从微软官方网站上下载光盘镜像，然后刻录到光盘上。

（2）需要在 Windows 7 的系统中准备一个空白的主分区，其步骤如下。

①同时按键盘上的 Win + R 组合键，然后在弹出的"运行"对话框中输入"diskmgmt.msc"，单击"确定"按钮，如图 2-21 所示。

图 2-21

②在弹出的窗口中，创建需要安装的分区。以未分配的空间为例，在这个地方右键单击，然后选择"新建简单卷"命令，如图 2-22 所示，接下来一直单击"下一步"按钮确认即可。

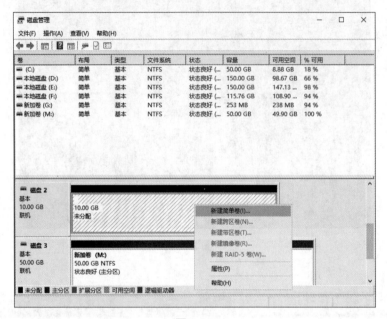

图 2-22

创建完成的分区如图 2-23 所示。

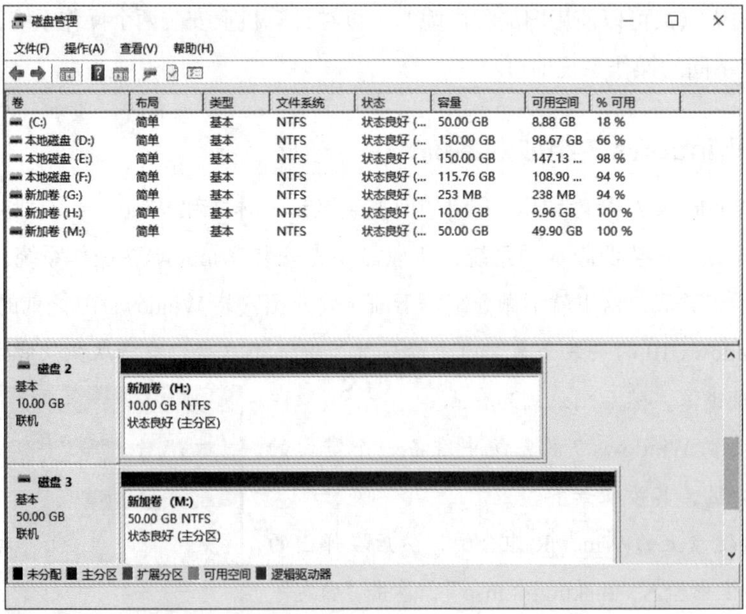

图 2-23

（3）BIOS 内设置由光盘启动计算机。

做好准备工作后，将光盘放入光驱，重新启动计算机，然后进行 Windows 10 系统的安装。安装过程与全新安装一样，只是在选择安装位置的时候，选择设置好的安装位置即可，如图 2-24 所示。

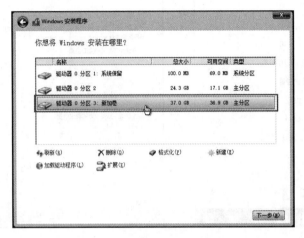

图 2-24

稍后的过程与之前介绍的一样，耐心等待安装完成。安装完成后，再次启动计算机时，Windows 10 会自动识别并保留 Windows 7 的启动项，如图 2-25 所示。

图 2-25

2.4.2 管理系统启动项

当安装了两个操作系统之后，系统每次启动时都会让用户选择。如果用户平时常用的只是其中一个，可以将常用的操作系统设为默认启动。

（1）单击 ⊞ 按钮，然后输入文字"高级系统设置"，在弹出的搜索结果中，选择"查看高级系统设置"，如图 2-26 所示。

（2）在弹出的对话框中单击"启动和故障恢复"右侧的"设置"按钮，如图 2-27 所示。

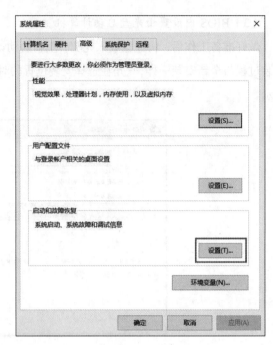

图 2-26   图 2-27

（3）在弹出的对话框中，单击"默认操作系统"下拉列表，选择要默认启动的操作系统，
如图 2-28 所示。

图 2-28

第 3 章

Windows 10 的基本设置

Windows 10 作为微软推出的最新操作系统，在外观与操作体验上都做了巨大的变革，如何更有趣、有效地使用这款操作系统呢？本章就来重点讲解 Windows 10 各核心配置的基本设置，为后续章节更加深入地了解 Windows 10 打下基础。

3.1 主题相关的基本设置

新一代 Windows 10 操作系统，整体采用当下主流的扁平化风格，包括窗口设计、按钮图样、颜色搭配等方面，且支持用户自主设置主题风格和颜色搭配方案。下面讲解与主题相关的几个方面的设置方式。

首先打开"个性化"设置页面，方法为：单击任务栏左下角 Windows 图标 ▦，弹出开始菜单栏，选择"设置"选项，弹出设置页面，如图 3-1 所示，单击"个性化"选项，弹出个性化设置页面，如图 3-2 所示。

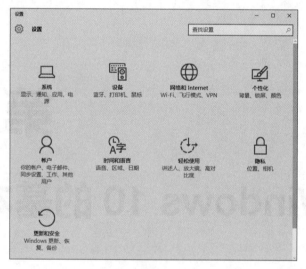

图 3-1

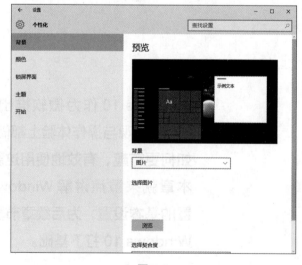

图 3-2

3.1.1 背景设置

用户可以自定义 Windows 桌面背景图片的主要样式，具体操作步骤如下。

（1）在图 3-2 所示的个性化设置页面，单击左侧的"背景"选项，右侧窗口为设置区域，如图 3-3 所示。

（2）单击背景下拉框，选择背景展现方式，如图 3-4 所示。

图 3-3

图 3-4

- 此处如果选择"图片"方式，则会在下方弹出"选择图片"选项，允许用户自定义背景图片，如图 3-5 所示。

- 此处如果选择"纯色"方式，则会在下方弹出"背景色"选项，允许用户自定义背景色，如图 3-6 所示。

图 3-5

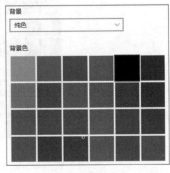

图 3-6

- 此处如果选择"幻灯片放映"方式，则会在下方弹出"为幻灯片选择相册"选项，用户可以自定义幻灯片循环播放的图片集；"更改图片的频率"选项，可以设置幻

灯片更换图片的时间间隔；"无须播放"选项，可以
设置幻灯片的播放方式是随机还是顺序播放；"使用
电池电源时允许幻灯片放映"选项，可以设置在无外
接电源情况下是否允许幻灯片放映。

（3）单击"选择契合度"下拉框，可以设置背景图片的
填充方式，如图3-7所示。

提示："选择契合度"选项，只有在"背景"选择为图片或者
幻灯片时才会有。

图 3-7

3.1.2　颜色设置

用户可以自定义 Windows 主题的整体色调，具体操作步骤如下。

（1）在图3-2所示个性化设置页面，单击左侧"颜色"选项，右侧窗口为设置区域，如
图3-8所示。

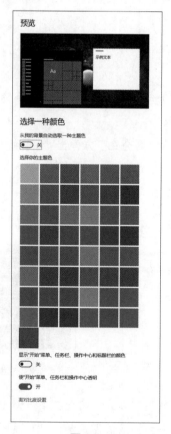

图 3-8

（2）"从我的背景自动选取一种主题色"选项如果设
置为开，则系统会从当前背景中自行选择一种颜
色，作为主题颜色；如果设置为关，则用户可以
从"选择你的主题色"列表中选择一种自己喜欢
的颜色作为背景色，例如，这里选择"红色"，
在"预览"显示区域可以看到效果，如图3-9所示。

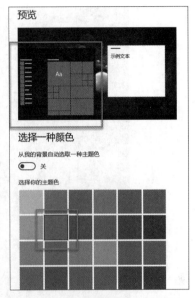

图 3-9

（3）"显示开始菜单、任务栏、操作中心和标题栏的
颜色"选项如果为关，则开始菜单、任务栏、操
作中心和标题栏的颜色为系统默认黑色，不会与
设置的背景色一致；如果为开，则开始菜单、任
务栏、操作中心和标题栏的颜色与设置的背景色
一致，如图 3-10 所示。

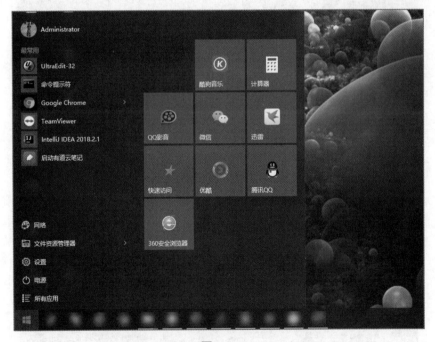

图 3-10

（4）"使开始菜单、任务栏和操作中心透明"选项如果为"关"，则开始菜单、任务
栏和操作中心为不透明显示，如图 3-11 所示；如果为"开"，则开始菜单、任务
栏和操作中心为透明显示，如图 3-12 所示。

图 3-11

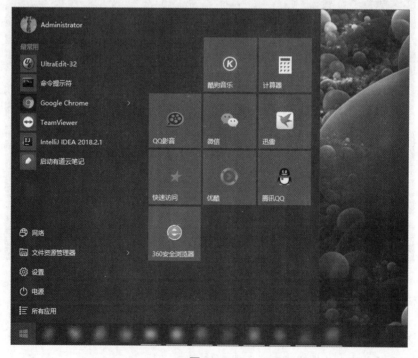

图 3-12

3.1.3　锁屏界面设置

用户可以自定义锁屏界面的样式、时间设置等内容，具体操作步骤如下。

（1）在图 3-2 所示个性化设置页面，单击左侧"锁屏界面"选项，右侧窗口为设置区域，如图 3-13 所示。

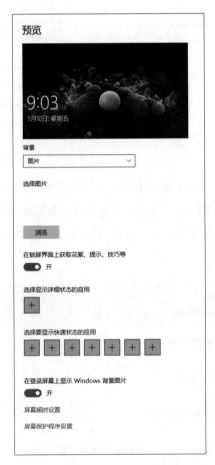

图 3-13

（2）单击"背景"下拉框，设置锁屏背景展现内容和方式，如图 3-14 所示。其中，"Windows 聚焦"选项是微软根据用户日常使用习惯自动联网下载精美壁纸，并

进行自动切换提供的选项；"图片"选项是用户可以自定义一张图片，作为锁屏壁纸的选项；"幻灯片放映"是用户可以自定义一组图片，作为锁屏壁纸循环播放的选项。

图 3-14

- 当选择"图片"选项时，下方会出现"选择图片"选项，

47

用于用户设置背景图片，如图 3-15 所示。

- 当选择"幻灯片放映"选项时，下方会出现"为幻灯片放映选择相册"选项和"高级幻灯片放映设置"选项，如图 3-16 所示。

图 3-15

图 3-16

单击"图片"选项，从中选择希望作为幻灯片放映的图片；单击"添加文件夹"选项，选择包含图片集的文件夹，则该文件夹中的所有图片会被用作幻灯片播放的源图片。

单击"高级幻灯片放映设置"选项，弹出"高级幻灯片放映设置"窗口，如图 3-17 所示，可进行幻灯片放映的详细设置。

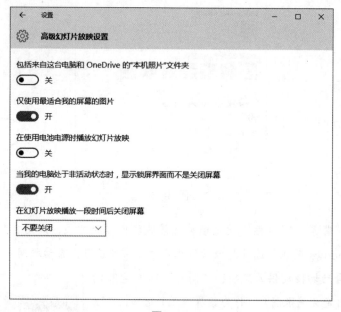

图 3-17

（3）"选择显示详细状态的应用"选项，可以设置显示应用的详细状态，如图 3-18 所示。

（4）"选择要显示快速状态的应用"选项，可以设置显示应用的快速状态，如图 3-19 所示。

图 3-18　　　　　　　　　　　　　　图 3-19

（5）"在登录屏幕上显示 Windows 背景图片"选项，"开"表示在登录 Windows 系统时，会显示背景图片，否则不会显示背景图片。

3.1.4　主题设置

用户可以自定义 Windows 主题，具体操作步骤如下。

（1）在图 3-2 所示个性化设置页面，单击左侧"主题"选项，右侧窗口为设置区域，如图 3-20 所示。

（2）单击"主题设置"选项，弹出主题设置页面，如图 3-21 所示。

在此页面可以进行主题的详细设置。Windows 10 提供了"我的主题""Windows 默认主题"和"高对比度主题"3 大类主题。其中，"我的主题"可以通过单击"联机获取更多主题"下载微软提供的主题进行设置，如图 3-22 所示。"Windows 默认主题"提供 3 种主题，用户可以任选一种使用。如果因颜色对比度过低而使屏幕文本难以阅读，需要更高颜色对比度，用户可以启用高对比度模式，选择"高对比度主题"，系统提供了 4 种模式供用户选择。

图 3-20

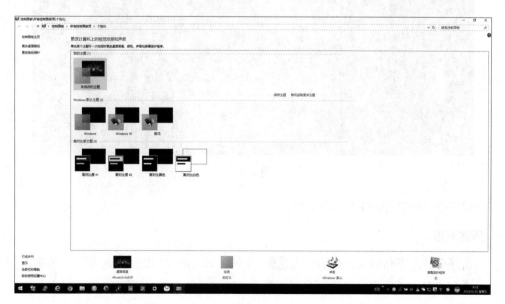

图 3-21

图 3-22

3.2 全新的开始菜单

Windows 10 系统新推出的开始菜单，功能更加强大，设置更加丰富，操作更加人性化。用户通过合理的设置，可以有效提供工作效率。

开始菜单分为应用区和磁贴区两大区域，如图 3-23 所示。

图 3-23

下面详细介绍应用区各部分的功能。

一、所有应用

单击任务栏左下角的 Windows 图标 ▉，在弹出页面的应用设置区域单击"所有应用"选项，会列出目前系统中已安装的应用清单，且是按照数字 0-9、英文 A-Z、拼音 A-Z 顺序依次排列的，如图 3-24 所示。

图 3-24

任意选择其中一项应用，例如选择 Excel，右键单击 Excel 快捷方式，弹出窗口如图 3-25 所示。

图 3-25

如果该应用从未固定到磁贴区，则弹出窗口会显示"固定到开始屏幕"选项，单击即可将此快捷方式添加到磁贴区，否则会显示"从开始屏幕取消固定"选项，选择后可以从磁贴区取消。单击"卸载"选项，可以快速对此应用进行卸载操作。单击"更多"选项，弹出窗口如图 3-26 所示。

图 3-26

单击"固定到任务栏"选项，可以将该快捷方式固定到"任务栏"上，如图 3-27 所示。

图 3-27

单击"以管理员身份运行"选项，可以以管理员身份运行 Excel。

单击"打开文件所在的位置"选项，可以打开 Excel 快捷方式所在的文件夹。

二、电源

单击"电源"选项，弹出窗口如图 3-28 所示。单击"睡眠"选项，可以使计算机进入睡眠状态；单击"关机"选项，可以关闭计算机；单击"重启"选项，可以重新启动计算机。

图 3-28

三、设置

单击"设置"选项，弹出"设置"窗口，该窗口作用与"控制面板"类似，但操作上比控制面板要清晰简洁，如图 3-29 所示。

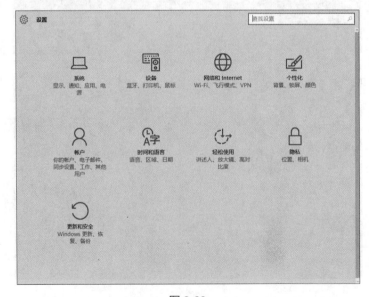

图 3-29

四、文件资源管理器

单击"文件资源管理器"选项，会直接打开文件管理窗口，如图 3-30 所示。有关文件管理，详见本书第 5 章相关介绍。

图 3-30

单击"文件资源管理器"选项右侧箭头 ，弹出窗口如图 3-31 所示。窗口分为 3 个区域。其中，"固定"区域的内容，为添加到快速访问的快捷方式，单击可以进行快速访问，单击右侧 图标可予以取消。"最近"区域的内容，根据访问时间倒序排列文件夹访问记录。单击"固定到开始屏幕"选项，可以将"文件资源管理器"固定到磁贴区。

图 3-31

3.3 全新的文件资源管理器

Windows 10 新推出的文件资源管理器，无论是在界面风格上，还是在功能丰富性上，都做了巨大的变革。下面详细介绍新的文件资源管理器。

单击"开始菜单"选择"文件资源管理器"，或者双击桌面"我的电脑"，打开"文件资源管理器"窗口，如图 3-32 所示。

图 3-32

可以看到，整个窗口分为功能区、快捷方式区、设备区 3 块。

一、功能区

默认情况下，功能区处于隐藏状态，如图 3-33 所示，可以通过单击右侧☑箭头来进行显示与隐藏。

图 3-33

在图 3-32 所示页面上，标签页默认显示"计算机"和"查看"。单击"计算机"标签页，可以进行与计算机本身相关的各类属性的设置，如图 3-34 所示。单击"查看"标签页，可以设置查看文件的各类视图属性，如视图排列方式、文件夹属性、文件属性设置等，如图 3-35 所示。注意，根据操作对象的不同，标签页会发生相应的变化。

在快速访问工具栏，如图 3-36 所示，可以定义常用快捷方式。单击☑按钮，弹出下拉框，如图 3-37 所示，可以设置在快速访问工具栏显示的快捷方式、显示位置等内容。

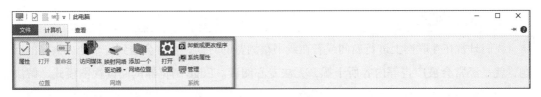

图 3-34

图 3-35

图 3-36

二、快捷方式区

资源管理器的左半侧区域，为快捷方式区，该区主要包括"快速访问""此电脑""网络"3 块内容。

"快速访问"区域，除列出系统默认自带的快速访问方式外，用户还可以自定义文件夹到"快速访问"区域，实现快速访问的目的。

"此电脑"区域，除列出了计算机分区内容外，还包括 Windows 10 系统特有的视频、图片、文档等专属文件夹图标，单击后可以快速访问该文件夹的内容。

图 3-37

"网络"区域，列出了与当前计算机在同一局域网内的网络连接情况，单击任意可见网络，即可进行访问申请。当然，对方是否允许你访问，是由对方来决定的!

三、设备区

该区域内主要包含计算机的各分区，以及 Windows 10 自带的快速访问文件夹，如视频、图片、文档、下载、音乐、桌面。该区域是用户日常进入不同计算机分区的主要入口。

3.4　全新的 Edge 浏览器

Microsoft Edge 是微软推出的一款全新的轻量级浏览器，在性能方面全面超越 IE 11 浏览器。下面是 Edge 浏览器主要新特性的介绍。

3.4.1　阅读视图

我们日常在互联网上进行新闻或者在线书籍浏览的时候，常常会碰到一个令人头痛的问题，就是经常会被广告等内容所干扰，无法专心阅读。Edge 浏览器的阅读视图模式，解决了我们的这个苦恼，有效提升了阅读体验。在阅读视图模式下，浏览器会将网页内的文字，包括字间距、字体大小、行间距等，自动调整到最适合阅读的状态。阅读视图切换按钮如图 3-38 所示，默认为灰色，无法选择状态。

图 3-38

阅读视图的启用非常简单，当用户浏览到可以使用阅读视图新闻或者其他内容时，Edge 浏览器的阅读视图按钮 会由灰色变为黑色，且可选择状态 ，单击阅读视图按钮，可以在普通视图与阅读视图之间进行切换。图 3-39 所示为普通视图，图 3-40 所示为阅读视图，通过对比，可以看出两者的直观差别。

图 3-39

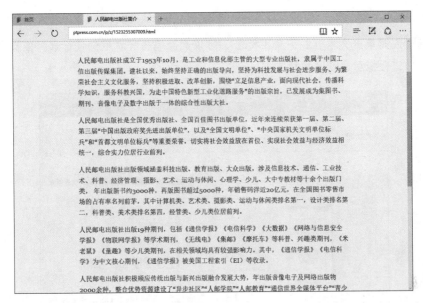

图 3-40

3.4.2　Web 笔记

在互联网时代，用户除了越来越依赖于网上阅读以外，阅读之余随时进行笔记记录成为必要的需求。微软推出的 Microsoft Edge 浏览器，即集成了此项功能，称为 Web 笔记。Web 笔记允许用户在通过浏览器进行日常阅读过程中，随时对阅读的内容进行编辑、备注、剪辑等，极大提高了用户的阅读体验。Web 笔记的具体操作步骤如下。

（1）打开 Edge 浏览器，在工具栏上可以看到"做 Web 笔记"选项，如图 3-41 所示。

图 3-41

（2）单击"做 Web 笔记"选项，可以看到浏览器工具栏变成如图 3-42 所示样式。

图 3-42

- 单击"笔"选项▽，可以选择笔的颜色和样式。
- 单击"荧光笔"选项▽，可以设置笔为荧光笔样式。
- 单击"橡皮擦"选项◆，可以对已记录内容进行删除。
- 单击"添加键入的笔记"选项▢，可以以文本框的形式来进行记录，且自带步骤编号，如图 3-43 所示。鼠标左键单击文本框左上角图标，可以显示 / 隐藏编辑文本框；鼠标左键单击文本框右下角图标，可以删除编辑文本框；鼠标选择图标按住不放并进行拖动，可以移动文本框。

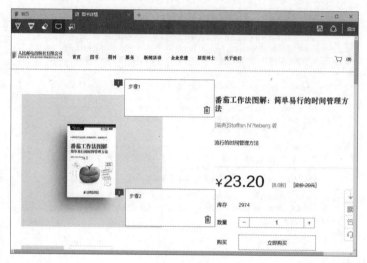

图 3-43

- 单击"剪辑"选项，可以对 Edge 浏览器窗口区域内进行截图，单击后效果如图 3-44 所示。在浏览器区域内鼠标左键按住框选需要截图区域后，松开鼠标左键，即可完成截图，如图 3-45 所示。此时可以看到截图右下角出现"已复制"字样，截图区域已经被复制，用户只需粘贴到需要位置即可。

图 3-44

图 3-45

（3）单击"保存 Web 笔记"选项 🖫，可以对笔记进行保存。可以选择保存在"收藏夹"
或"阅读列表"下，如图 3-46 所示。

图 3-46

（4）单击"共享 Web 笔记"选项 🖸，可以共享笔记内容。

（5）单击"退出"选项 退出，可以退出笔记模式。

3.4.3　隐私保护模式

我们日常在使用浏览器进行网页浏览过程中，会存在一些私人数据，例如，浏览或搜索记录信息，以及一些 Cookie、用户名、密码等，这些信息在公共计算机上保存是存在风险的，我们常常是不希望留下这部分内容的痕迹。Microsoft Edge 浏览器为解决这个问题，推出了"隐私浏览"模式。

打开 Micrisoft Edge 浏览器，按 Ctrl + Shift + P 组合键，Microsoft Edge 浏览器会打开一个新窗口，自动启动 InPrivate 浏览功能，如图 3-47 所示，可以看到浏览器内的描述内容。我们在此模式下的任何浏览内容，在关闭浏览器后，即将临时数据全部删除，不会保存在计算机上，从而可以有效地保护用户隐私。

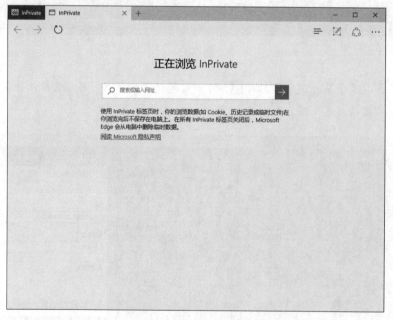

图 3-47

3.4.4　Cortana 助手

Windows 10 正式版中加入了 Cortana 助手功能，简单来说，它就是一项语音助手功能，类似于智能手机的语音功能，如大家熟知的 iPhone 中的 Siri。Cortana 助手的启动界面如图 3-48 所示。我们可以通过"小娜"来安排日常工作，如图 3-49 所示，详细内容将在本书第 12 章进行介绍。

图 3-48

图 3-49

3.5 便捷的操作中心

Windows 10 的操作中心，主要包括通知和设置两方面的内容。下面具体介绍每部分功能的使用。

首先将"操作中心"图标从系统中调用显示出来，具体操作步骤如下。

（1）单击任务栏"开始"按钮，选择"设置"选项，弹出设置窗口，如图 3-50 所示。

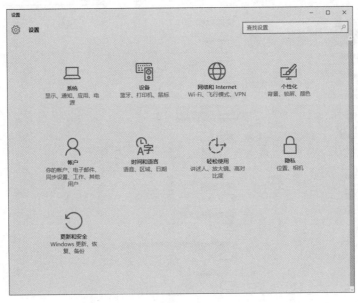

图 3-50

（2）选择"系统"选项，弹出系统设置页面，如图 3-51 所示。

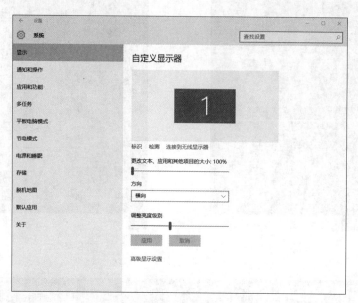

图 3-51

（3）单击"通知和操作"选项，右侧"快速操作"区域单击"启用或关闭系统图标"，如图 3-52 所示，弹出"启用或关闭系统图标"页面，如图 3-53 所示。

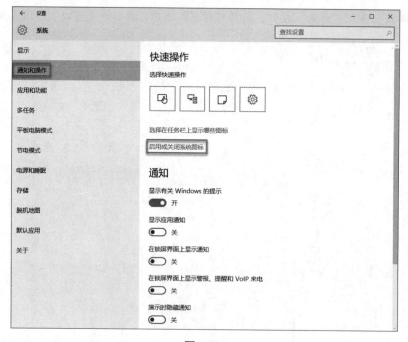

图 3-52

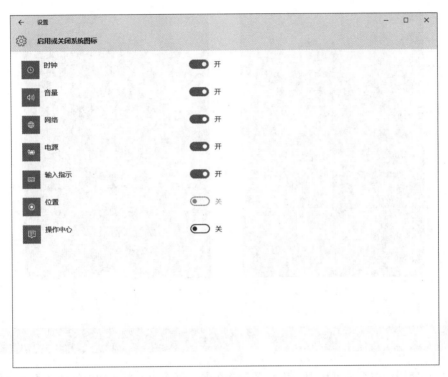

图 3-53

（4）将"操作中心"选项设置为"开"，如图 3-54 所示，完成设置。此时，在任务栏
右下角会出现"操作中心"图标，如图 3-55 所示。

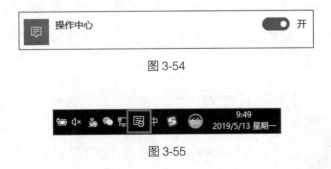

图 3-54

图 3-55

- 通知区域：单击任务栏上的"操作中心"图标，弹出窗口的上半部分为通知区域，
  如图 3-56 所示。此区域内可以展示各类系统、邮件通知等信息。
- 设置区域：单击任务栏上的"操作中心"图标，弹出窗口的下半部分为设置区域，
  如图 3-57 所示。在此区域内可以进行平板模式、连接、便签、投影、节电模式、
  VPN、蓝牙、免打扰时间、定位、飞行模式等设置，便于用户进行各种管理。

图 3-56

图 3-57

3.6　神奇的分屏

在日常使用操作系统过程中，我们常常会在多个页面间不断地切换阅读，很不方便。如果能在同一界面同时查看多个页面的内容，是不是会很方便？新版 Windows 10 的分屏，即提供了此项功能，且在原有 Windows 7/8 基础上进行了优化，使用起来更加容易上手。

Windows 10 操作系统的分屏支持左右半屏分屏以及 1/4 分屏，操作起来非常简单。鼠标单击需要分屏的窗口，拖动至屏幕的最左侧或者最右侧，即可实现左右分屏，效果如图 3-58 所示。

图 3-58

如果需要进行 1/4 分屏，则鼠标单击需要分屏的窗口，拖动至屏幕的左上角，松开鼠标，页面即定位到屏幕的 1/4 处，同样方式拖动不同页面分别至屏幕的右上角、左下角、右下角，效果如图 3-59 所示。

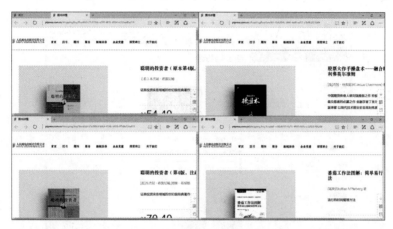

图 3-59

3.7　设置功能详解

Windows 10 操作系统提供的全新设置页面，作用类似于 Windows 7 操作系统的控制面板，但比起控制面板，操作更为简洁，更加贴近互联网及扁平化。下面一一介绍里面的核心设置。

首先，单击任务栏左下角的 Windows 图标 ⊞，打开开始菜单栏，单击"设置"选项，弹出设置页面，如图 3-60 所示，里面分为 7 大功能，分别为系统、设备、网络和 Internet、个性化、账户、时间和语言、轻松使用、隐私、更新和安全。

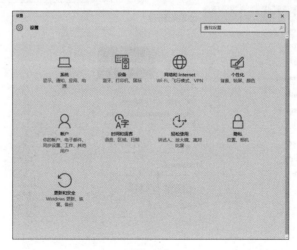

图 3-60

3.7.1　系统

单击"系统"选项，弹出系统设置页面，如图 3-61 所示，此页面主要是针对操作系统的显示、软件安装卸载、电源模式、存储等方面的设置。下面详细介绍核心功能。

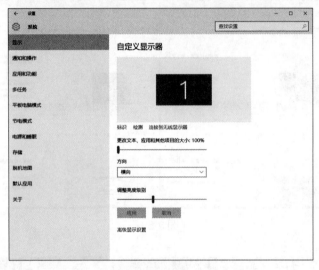

图 3-61

一、显示

单击"显示"选项，右侧窗口如图 3-62 所示，此区域用于设置当前计算机显示器的个性化参数调整。

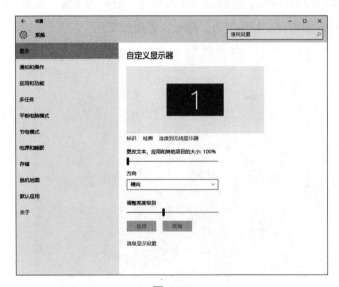

图 3-62

（1）标识、检测、连接到无线显示器几个选项，可以设置显示器的识别及检测，支持连接无线显示器，如图 3-63 所示。

（2）"更改文本、应用和其他项目的大小"选项，可以调整在显示器中字体、应用等内容的显示比例，用户可根据自身实际情况进行缩放调整，如图 3-64 所示。

图 3-63

图 3-64

（3）"方向"选项，可以调整显示内容的方向，共有 4 个选项可以选择，分别为横向、纵向、横向（翻转）、纵向（翻转），如图 3-65 所示。

（4）"调整亮度级别"选项，拖动滑动条即可调整显示器亮度，如图 3-66 所示。

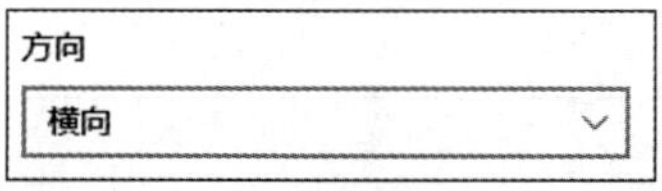

图 3-65

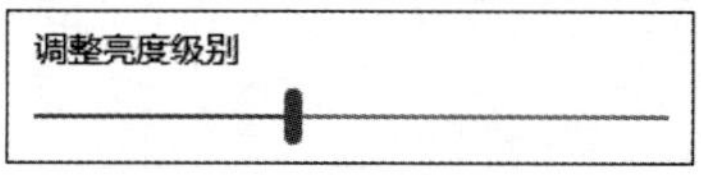

图 3-66

以上选项设置完成后，单击"应用"按钮即可生效。

（5）"高级显示设置"选项，可以对浏览器进行高级设置。单击"高级显示设置"选项，弹出"高级显示设置"页面，如图 3-67 所示，可以进行屏幕分辨率的修改，单击"应用"按钮后，即可生效。

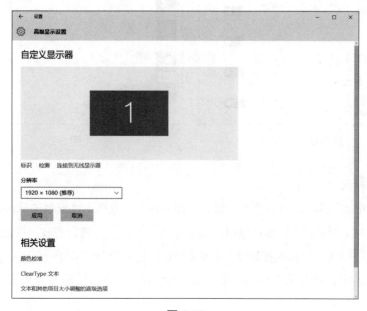

图 3-67

二、通知和操作

此选项主要用来进行操作系统及安装软件的通知、显示等设置，下面是具体介绍。

（1）"选择在任务栏上显示哪些图标"选项，可以设置在任务栏上显示/隐藏应用图标，以及一键设置显示/隐藏，如图 3-68 所示，单击后弹出"选择在任务栏上显示哪些图标"页面，如图 3-69 所示，滑动"通知区域始终显示所有图标"的开/关项，可以显示或隐藏所

选择在任务栏上显示哪些图标

图 3-68

有图标在任务栏的状态，或者单独滑动某个应用的开/关项，以单独设置此图标在任务栏的状态。

（2）"启用或关闭系统图标"选项，可以设置操作系统自带应用图标的显示/隐藏，单击后弹出"启用或关闭系统图标"选项，如图 3-70 所示，通过滑动开/关项，可以设置此图标在任务栏的状态。

图 3-69

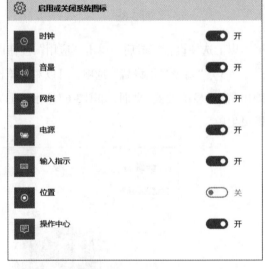

图 3-70

三、应用和功能

"应用和功能"选项，可以查看、修改、卸载在本计算机上已安装的软件，单击后右侧界面显示如图 3-71 所示，可以通过应用名称  键入应用名称... 进行查找，可以选择排序方式 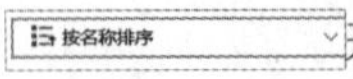 按名称排序 来显示，可以选择显示全部或某个磁盘上安装的应用 显示所有驱动器上的应用  。

在应用列表中，单击某个应用，如图 3-72 所示，如果需要卸载，单击"卸载"按钮即可。

应用和功能
管理可选功能
按驱动器搜索、排序和筛选。如果想要卸载或移动一个应用，请从列表中选择它。
键入应用名称...
按名称排序
显示所有驱动器上的应用
Flash Helper Service
不可用
2.34 MB
2019/5/13 星期一
FlashFXP
不可用
6.89 MB
2019/5/13 星期一
Foxmail
不可用
15.9 GB
2019/5/13 星期一
OneDrive
不可用
37.6 MB
2019/4/26 星期五
QQ音乐播放控件
不可用
13.4 MB
2019/5/13 星期一
QQ帐号保护组件
不可用
1.07 MB
2019/4/26 星期五

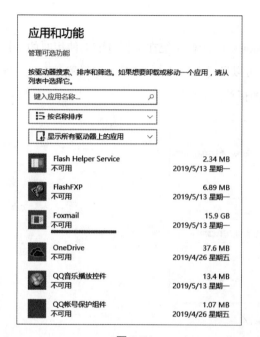

图 3-71

Flash Helper Service
不可用
2.34 MB
2019/5/13 星期一
修改
卸载

图 3-72

四、多任务

“多任务”选项，可以设置窗口的贴靠、切换方式等内容，单击后右侧界面显示如图 3-73 所示，可以通过滑动开 / 关选项，来设置窗口在不同状态下大小、排列、展现方式等方面的不同。由于 Windows 10 支持虚拟桌面，所以也可以设置窗口的切换方式是否包含虚拟桌面 ，以及是否在任务栏上显示虚拟桌面的窗口 。

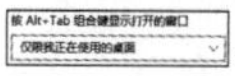

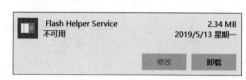

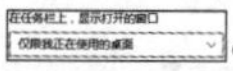

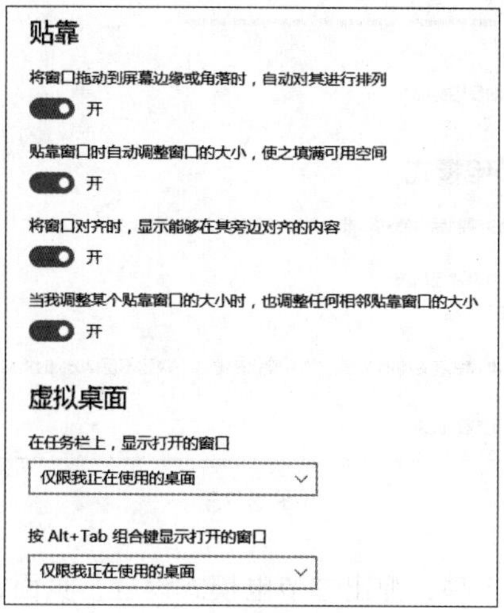

贴靠
将窗口拖动到屏幕边缘或角落时，自动对其进行排列
开
贴靠窗口时自动调整窗口的大小，使之填满可用空间
开
将窗口对齐时，显示能够在其旁边对齐的内容
开
当我调整某个贴靠窗口的大小时，也调整任何相邻贴靠窗口的大小
开
虚拟桌面
在任务栏上，显示打开的窗口
仅限我正在使用的桌面
按 Alt+Tab 组合键显示打开的窗口
仅限我正在使用的桌面

图 3-73

五、平板电脑模式

"平板电脑模式"选项，可以使用当 Windows 10 操作系统在平板电脑上使用时的个性化设置，单击后右侧界面显示如图 3-74 所示，可以通过滑动开 / 关选项，来设置是否支持触摸功能、在平板模式下任务栏上是否显示应用图标等。

平板电脑模式

将设备用作平板电脑时使 Windows 更兼容触摸功能
⬤ 关

当我登录时
记住我上次使用的内容 ▽

当该设备自动将平板电脑模式切换为开或关时
切换前始终询问我 ▽

处于平板电脑模式时隐藏任务栏上的应用图标
⬤ 关

图 3-74

六、节电模式

"节电模式"选项，可以设置计算机是否允许开启节电模式，以及开启节点模式的条件，单击后右侧界面显示如图 3-75 所示，可以通过滑动开 / 关选项，来设置是否开启节电模式，如果为开启状态，则节电模式在电池电量不足 20% 时会自动开启。

概述

电池电量(已接通电源，但未充电)
96%

电池使用情况

节电模式

通过限制后台活动和推送通知来延长电池使用时间。

节电模式目前为：
⬤ 关

节电模式在充电时关团。节电模式在电量下降到不足 20% 时将自动打开。

节电模式设置

图 3-75

单击"节电模式设置"选项，弹出"节电模式设置"页面，如图 3-76 所示，可以设置开启节电模式的前提条件；处于节电模式下，是否允许应用给系统推送通知，屏幕亮度是否降低；以及设置例外应用，即使在节电模式下，某些应用也保持正常状态运行。

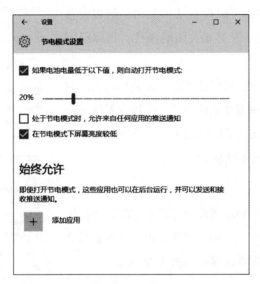

图 3-76

七、电源和睡眠

"电源和睡眠"选项，可以设置计算机在使用电源及电池状态下的基本参数，单击后右侧界面显示如图 3-77 所示。

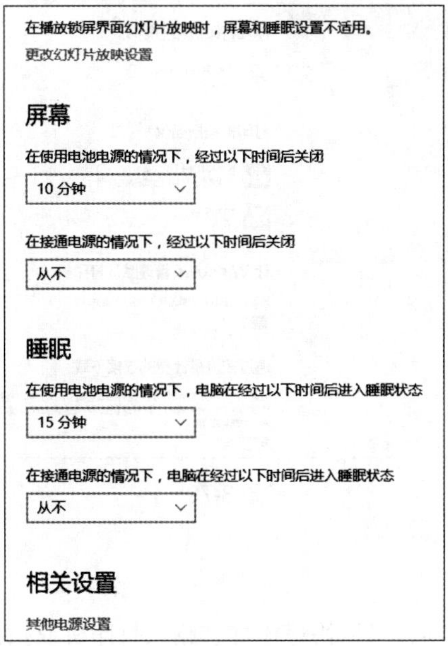

图 3-77

屏幕参数方面，可以设置在"在使用电池电源的情况下"屏幕关闭的条件，可以设置从不关闭；可以设置在"在接通电源的情况下"屏幕关闭的条件，可以设置从不关闭。

计算机睡眠参数方面，可以设置在"在使用电池电源的情况下"计算机进入睡眠状态的条件，可以设置从不睡眠；可以设置在"在接通电源的情况下"计算机进入睡眠状态的条件，可以设置从不睡眠。

八、存储

"存储"选项，可以显示当前计算机存储的使用量情况，以及更改应用、文档、音乐、图片、视频等内容默认的保存位置，单击后右侧界面显示如图3-78所示。

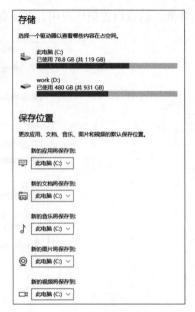

图 3-78

3.7.2 设备

单击"设备"选项，弹出设备设置页面，如图3-79所示。此页面主要是针对操作系统的设备相关，如打印机、鼠标、触摸板等方面的设置，下面详细介绍核心功能。

图 3-79

一、打印机和扫描仪

"打印机和扫描仪"选项，可以快速添加、删除打印机或扫描仪，单击后右侧界面显示如图3-80所示。

图 3-80

单击"添加打印机或扫描仪"左边的加号按钮 + ，可以快速扫描具备连接条件的打印机及扫描仪，且支持扫描后自动进行添加，添加后在"打印机和扫描仪"下面会列出打印机和扫描仪清单，如图 3-81 所示。

如果要删除设备，可以在"打印机和扫描仪"下面的清单中，选择希望删除的设备，单击"删除设备"按钮，即可完成删除，如图 3-82 所示。

图 3-81

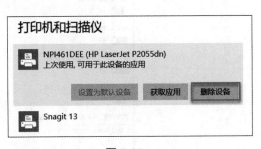

图 3-82

提示：由于篇幅限制，关于更为高级的打印机相关设置，此处不再赘述。如果读者需要了解，可参考相关资料进行学习。

二、鼠标和触摸板

"鼠标和触摸板"选项，可以进行关于鼠标和触摸板的细节设置，单击后右侧界面显示如图 3-83 所示。

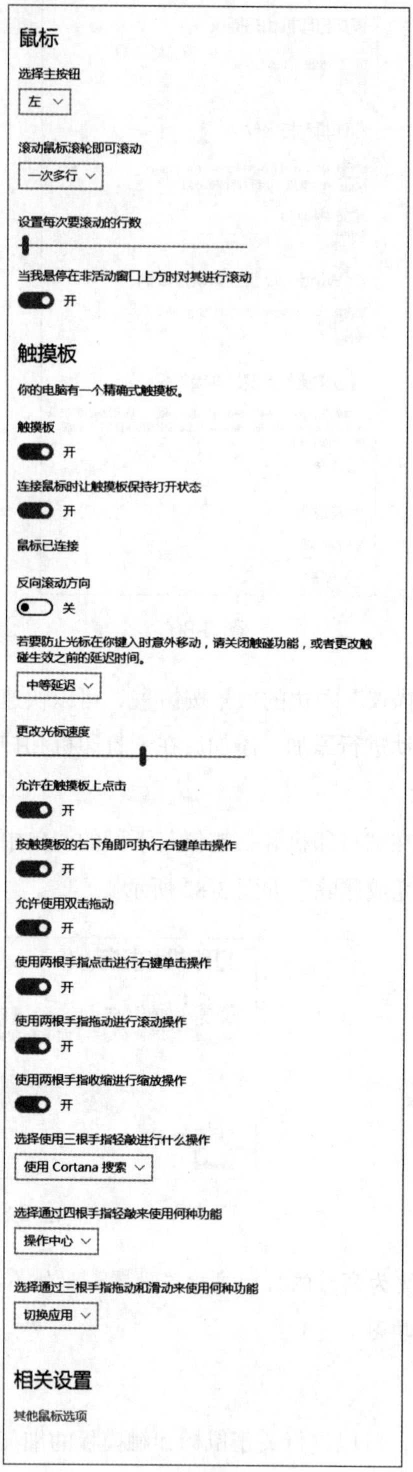

鼠标

选择主按钮

左 ∨

滚动鼠标滚轮即可滚动

一次多行 ∨

设置每次要滚动的行数

当我悬停在非活动窗口上方时对其进行滚动

开

触摸板

你的电脑有一个精确式触摸板。

触摸板

开

连接鼠标时让触摸板保持打开状态

开

鼠标已连接

反向滚动方向

关

若要防止光标在你键入时意外移动，请关闭触碰功能，或者更改触碰生效之前的延迟时间。

中等延迟 ∨

更改光标速度

允许在触摸板上点击

开

按触摸板的右下角即可执行右键单击操作

开

允许使用双击拖动

开

使用两根手指点击进行右键单击操作

开

使用两根手指拖动进行滚动操作

开

使用两根手指收缩进行缩放操作

开

选择使用三根手指轻敲进行什么操作

使用 Cortana 搜索 ∨

选择通过四根手指轻敲来使用何种功能

操作中心 ∨

选择通过三根手指拖动和滑动来使用何种功能

切换应用 ∨

相关设置

其他鼠标选项

图 3-83

（1）鼠标。

在鼠标设置区域，可以进行以下几方面内容的设置。

选择鼠标的主按钮为左键还是右键 选择主按钮 [左 ∨]。

设置滚动鼠标滚轮是一次多行还是一个屏幕 滚动鼠标滚轮即可滚动 [一次多行 ∨]。如果是一次多行，还可以设

置一次几行 设置每次要滚动的行数 ▮───。

是否支持在非活动页面上进行滚动设置 当我悬停在非活动窗口上方时对其进行滚动 ⬤ 开。

（2）触摸板。

在触摸板设置区域，可以进行以下几方面内容的设置。

是否开启触摸板 触摸板 ⬤ 开。

当连接鼠标时触摸板是否为开启状态 连接鼠标时让触摸板保持打开状态 ⬤ 开

鼠标滚轮滚动方向设置 反向滚动方向 ⬤ 关

更改光标的移动速度 更改光标速度 ───▮───

是否支持触摸板单击操作 允许在触摸板上点击 ⬤ 开

是否支持触摸板右键单击操作 按触摸板的右下角即可执行右键单击操作 ⬤ 开

是否支持双击拖动 允许使用双击拖动 ⬤ 开

是否支持双指右键单击操作 使用两根手指点击进行右键单击操作 ⬤ 开

是否支持双指拖动滚动操作 使用两根手指拖动进行滚动操作 ⬤ 开

是否支持双指缩放操作 使用两根手指收缩进行缩放操作 ⬤ 开

设置三指轻敲的响应操作 选择使用三根手指轻敲进行什么操作 [使用 Cortana 搜索 ∨]

设置四指轻敲的响应操作 选择通过四根手指轻敲来使用何种功能 [操作中心 ∨]

设置三指拖动和滑动响应操作 选择通过三根手指拖动和滑动来使用何种功能 [切换应用 ∨]

3.7.3 网络和 INTERNET

单击"网络和 INTERNET"选项，弹出网络和 INTERNET 页面，如图 3-84 所示。此页

面主要是针对操作系统的网络方面进行设置，下面详细介绍核心功能。

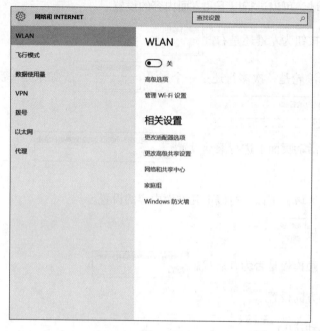

图 3-84

一、WLAN

"WLAN"选项，可以设置网络相关内容，单击后右侧界面显示如图 3-85 所示。

图 3-85

滑动 WLAN 开 / 关选项，可以打开或者关闭无线网络。当 WLAN 处于打开状态时，可以从搜索到的网络列表中，选择相应的无线网络进行连接。

二、飞行模式

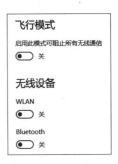

"飞行模式"选项，顾名思义，与手机的飞行模式含义类似。当飞行模式开启时，计算机将无法进行无线网络连接，单击后右侧界面显示如图 3-86 所示。

滑动"启用此模式可阻止所有无线通信"选项，可以开 / 关飞行模式。当飞行模式处于打开状态时，WLAN（无线网络）与 Bluetooth（蓝牙）默认均处于关闭状态。

图 3-86

滑动"WLAN"选项，可以开 / 关无线网络。

滑动"Bluetooth"选项，可以开 / 关蓝牙设备。

三、VPN

"VPN"选项，可以进行 VPN 添加，单击后右侧界面显示如图 3-87 所示。

单击"添加 VPN 连接"左侧的加号 ，弹出 VPN 添加页面，如图 3-88 所示。填写相关 VPN 信息后，单击"保存"按钮，即可完成 VPN 添加。

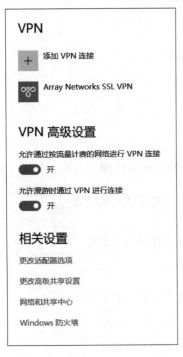

图 3-87

图 3-88

四、代理

"代理"选项，可以进行网络代理的设置，单击后右侧界面显示如图 3-89 所示。

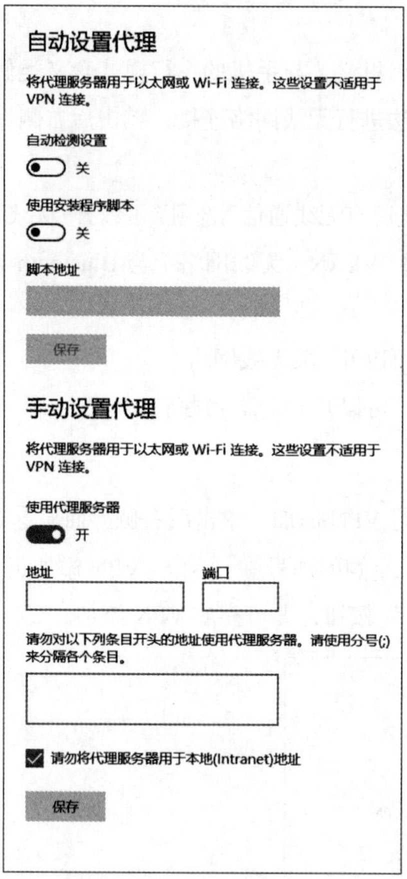

图 3-89

滑动"自动检测设置"选项，可以设置是否自动检测网络代理。当然，也支持手动设置代理。在手动设置代理区域，滑动"使用代理服务器"选项到开的位置  ，在地址栏输入代理 IP 地址信息  ，在端口栏输入代理端口信息  ，单击"保存"按钮，即可完成设置。

提示： 手动设置代理时，可以设置将某些地址不使用代理，即代理地址过滤。如果勾选  ，则本机地址不会用于代理。

3.7.4 个性化

单击"个性化"选项，弹出个性化页面，如图 3-90 所示，可以进行背景、主题、颜色等方面的设置，下面详细介绍核心功能。

图 3-90

一、背景

"背景"选项，可以设置计算机的桌面背景图片，单击后右侧界面显示如图 3-91 所示。

"背景"选项下拉框，可以设置背景为图片、纯色、幻灯片三者之一。如果选择"图片"，则可以单击"浏览"按钮，选择需要设置的图片作为背景；如果选择"纯色"，则可以在"背景色"区域选择需要设置的颜色作为背景；如果选择"幻灯片"，则可以单击"浏览"按钮，选择需要设置作为背景图片的文件夹或者图片集合，同时可以设置幻灯片更改的频率 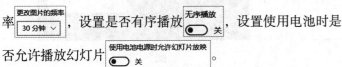，设置是否有序播放 ，设置使用电池时是否允许播放幻灯片 。

图 3-91

在设置背景方式后，可以选择背景图片以何种方式在桌面展现 ，共有填充、适应、拉伸、平铺、居中、跨区 6 种方式可以选择。

二、颜色

"颜色"选项，可以设置计算机主要色调，如开始菜单、任务栏等，单击后右侧界面显示如图 3-92 所示。

滑动"从我的背景自动选取一种主题色"选项至关状态 ，从"选择你的主题色"中选择一种颜色，如红色，则在预览窗口可以看到效果图，如图 3-93 所示。

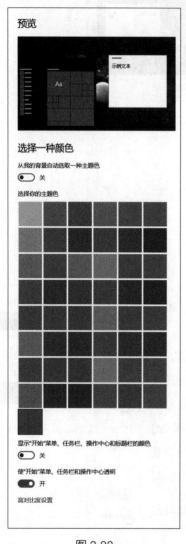

图 3-92

图 3-93

滑动"从我的背景自动选取一种主题色"选项至开状态 ，则计算机会自动从当前系统桌面背景图片中选择一种颜色作为主题色。

滑动"显示开始菜单、任务栏、操作中心和标题栏的颜色"选项至开状态 ，则开始菜单、任务栏、操作中心和标题栏的颜色会与主题色相同。

滑动"使开始菜单、任务栏和操作中心透明"选项至开状态 ，则开始菜单、任务栏和操作中心在操作过程中会呈现半透明状态。

三、锁屏界面

"锁屏界面"选项，可以设置在计算机锁定状态下屏幕上各元素的设置，单击后右侧界面显示如图 3-94 所示。

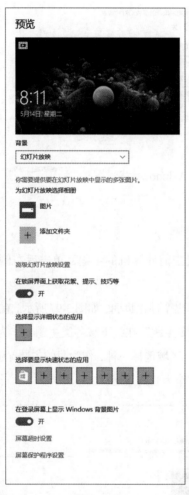

图 3-94

在"背景"下拉框选项中 <!-- inline image 背景 幻灯片放映 --> 可以选择锁屏桌面背景样式，共有 3 种选择，分别为幻灯片放映、图片、Windows 聚焦，用户可根据喜好选择一种。

当背景选择幻灯片方式时，可以设置"高级幻灯片放映设置"选项 <!-- inline 高级幻灯片放映设置 -->。单击弹出"高级幻灯片放映设置"窗口，如图 3-95 所示，可以设置电池电源状态下是否允许使用幻灯片、当计算机处于非活动状态时是否显示锁屏界面等个性化设置。

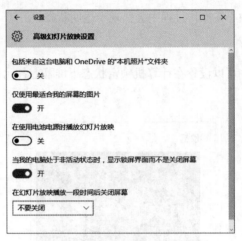

图 3-95

滑动"在登录屏幕上显示 Windows 背景图片" 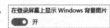，可以设置登录界面是否显示背景图片。

四、主题

"主题"选项，可以设置当前计算机的主题，单击后右侧界面显示如图 3-96 所示。

单击"主题设置"选项，弹出个性化页面，如图 3-97 所示。在"我的主题"区域，可以单击"联机获取更多主题"在线下载各类主题，作为我的主题；也可以在"Windows 默认主题"区域选择一种，作为我的主题；还可以在"高对比度主题"区域选择一种，作为我的主题。

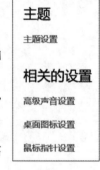

图 3-96

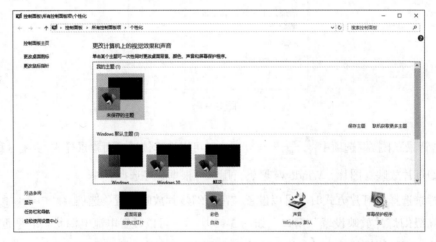

图 3-97

五、开始

"开始"选项，可以对开始菜单栏进行个性化设置，单击后右侧界面显示如图 3-98 所示。

图 3-98

滑动"显示更多磁贴"开关 ，可以扩展开始菜单磁贴区的面积，在"预览"区域可以看到前后对比效果，如图 3-99（关闭状态）、图 3-100 所示（打开状态）。

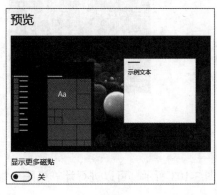

图 3-99

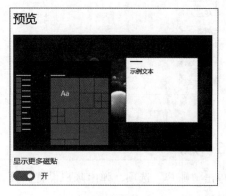

图 3-100

滑动"显示最常用的应用"选项 ，可以设置在开始菜单栏是否显示常用应用的图标。

  滑动"显示最近添加的应用"选项 ![显示最近添加的应用 开]，可以设置在开始菜单栏是否显示最近添加的应用。

  滑动"使用全屏幕开始菜单"选项 ![使用全屏幕"开始"菜单 关]，可以设置开始菜单栏是否全屏显示。

  滑动"在开始屏幕或任务栏的跳转列表中显示最近打开的项"选项 ![在"开始"屏幕或任务栏的跳转列表中显示最近打开的项 开]，可以设置在开始屏幕或任务栏上，右键应用图标弹出列表中，是否显示最近打开的项。

  单击"选择哪些文件夹显示在开始屏幕上"选项，弹出窗口如图 3-101 所示，可以设置是否在开始屏幕上显示文件夹或显示哪些文件夹选项，效果如图 3-102 所示。

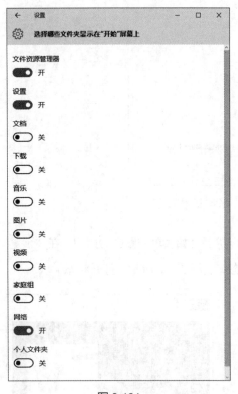

图 3-101

图 3-102

3.7.5 账户

  单击"账户"选项，弹出账户设置页面，如图 3-103 所示，可以进行计算机账户相关信息的设置。下面详细介绍核心功能。

  "你的电子邮件和账户"选项，可以新增计算机账户、设置头像信息，单击后右侧界面显示如图 3-104 所示。

图 3-103

单击"浏览"按钮 ，可以选择图片作为头像。

单击"添加账户"按钮，在弹出窗口中选择一种类型进行账户创建，如图 3-105 所示。

图 3-104   图 3-105

3.7.6　隐私

单击"隐私"选项,弹出隐私设置页面,如图3-106所示,可以设置计算机账户及相机、麦克风、电子邮件等相关信息的使用权限。下面详细介绍核心功能。

图 3-106

一、常规

"常规"选项,可以设置是否允许计算机向 Microsoft 发送个人写作习惯信息，是否允许检查 Windows 应用商店内容信息。

二、相机

"相机"选项,可以设置是否允许计算机应用使用相机,单击后右侧界面显示如图3-107所示。

滑动"允许应用使用我的相机"选项，设置是否允许应用使用"我的相机"。

在 Windows 10 中,某些应用需要访问相机才能正常工作,可以单独对这些应用进行设置。滑动"Microsoft

图 3-107

Edge"选项 ，设置 Microsoft Edge 是否允许使用相机；滑动"照片"选项，设置照片是否允许使用相机。

三、麦克风

"麦克风"选项，可以设置是否允许计算机应用使用麦克风，单击后右侧界面显示如图 3-108 所示。

滑动"允许应用使用我的麦克风"选项，设置是否允许应用使用"我的麦克风"。

在 Windows 10 中，某些应用需要访问麦克风才能正常工作，可以单独对这些应用进行设置。滑动"Microsoft Edge"选项，设置 Microsoft Edge 是否允许使用麦克风；滑动"照片"选项，设置照片是否允许使用麦克风。

图 3-108

四、账户信息

"账户信息"选项，可以设置是否允许计算机应用访问"我的姓名、图片及其他账户信息"，单击后右侧界面显示如图 3-109 所示。

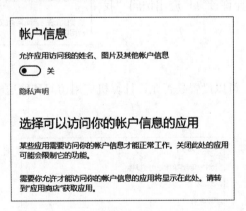

图 3-109

滑动"允许应用访问我的姓名、图片及其他账户信息"选项，设置是否允许计算机应用访问"我的姓名、图片及其他账户信息"。

五、日历

"日历"选项，可以设置是否允许计算机应用访问"我的日历信息"，单击后右侧界面显示如图 3-110 所示。

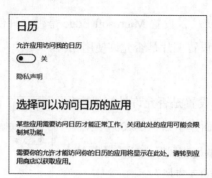

图 3-110

滑动"允许应用访问我的日历"选项 ，设置是否允许计算机应用访问"我的日历"。

六、通话记录

"通话记录"选项，可以设置是否允许计算机应用访问"我的通话记录"，单击后右侧界面显示如图 3-111 所示。

滑动"允许应用访问我的通话记录"选项 ，设置是否允许计算机应用访问"我的通话记录"。

七、电子邮件

"电子邮件"选项，可以设置是否允许计算机应用访问和发送电子邮件，单击后右侧界面显示如图 3-112 所示。

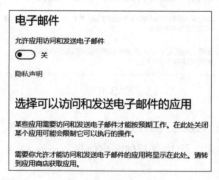

图 3-112

滑动"允许应用访问和发送电子邮件"选项 ，设置是否允许计算机应用访问和发送电子邮件。

八、消息传送

"消息传送"选项，可以设置是否允许计算机应用读取或发送消息，单击后右侧界面显示如图 3-113 所示。

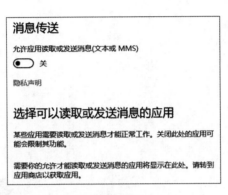

图 3-113

滑动"允许应用读取或发送消息（文本或 MMS）"选项 ，设置是否允许计算机应用读取或发送消息。

第 4 章

打造属于自己的 Windows 10

第3章详细介绍了Windows 10的基础设置，可以看到，Windows 10 操作系统功能还是非常强大的，并且操作更加容易。下面介绍利用 Windows 10 丰富的设置，来打造属于个人的操作系统。

4.1 我的外观我做主

计算机的主题，就像我们每个人所穿的衣服一样，不同的人，穿衣风格可能不同。下面就让我们来打造属于自己的外观吧。

4.1.1 设置桌面图标

一、添加桌面图标

默认情况下，刚安装完系统后，桌面上只有一个"回收站"图标，其余的图标都没有显示出来。我们可以自行把需要的系统图标添加到桌面上，具体操作步骤如下。

（1）在桌面上单击鼠标右键，弹出快捷菜单，选择"个性化"选项，如图 4-1 所示。

（2）打开"个性化"窗口，切换至"主题"选项卡，右侧窗口如图 4-2 所示，单击"桌面图标设置"选项，弹出"桌面图标设置"窗口，如图 4-3 所示。

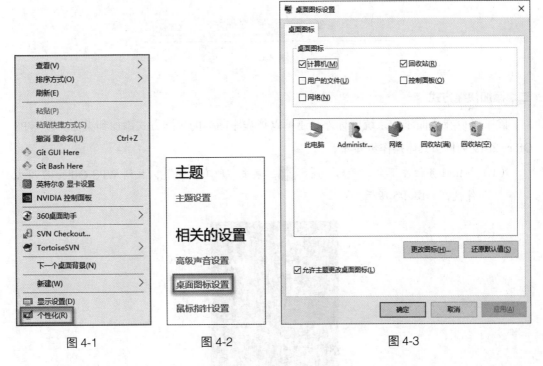

图 4-1 图 4-2 图 4-3

（3）在"桌面图标设置"窗口的桌面图标列表框中勾选要放置到桌面的图标，如图 4-4 所示。

（4）单击"确定"按钮，返回个性化窗口，设置完成。此时，可以看到桌面上已经添加了选中的桌面图标。

图 4-4

二、添加快捷方式

除了可以在桌面添加系统图标外，还可以将程序图标的快捷方式添加到桌面。以 WPS Office 2019 为例，具体操作步骤如下。

（1）单击任务栏左下角"开始"图标■，单击"所有应用"，找到 WPS Office 应用文件夹，如图 4-5 所示。

图 4-5

（2）鼠标左键选择需要设置桌面快捷方式的应用图标，如图 4-6 所示，按住不放，直接拖动到桌面，松开鼠标左键，即可看到快捷方式已经添加到桌面，如图 4-7 所示。

图 4-6   图 4-7

4.1.2 设置桌面背景

在 Windows10 系统的主题中，系统自带了一些默认的桌面背景图，如果用户对系统自带主题不喜欢，则可以将桌面背景更换为自己喜欢的图片，具体操作步骤如下。

（1）右键单击桌面空白处，打开"个性化"窗口，如图 4-8 所示。

（2）在弹出的"个性化"窗口中，单击"背景"选项，右侧窗口如图 4-9 所示。

图 4-8   图 4-9

（3）单击背景下拉框，选择"图片"选项 ,单击"浏览"按钮，

在弹出窗口中选择希望作为背景的图片后，单击"选择图片"按钮。

（4）单击"选择契合度"下拉框，选择图片的填充方式，即可完成桌面背景设置。

4.1.3 设置窗口颜色和外观

默认情况下，Windows 窗口的颜色为当前主题的颜色，如果用户希望更改窗口的颜色，则可以通过"个性化"窗口进行设置，具体操作步骤如下。

（1）在桌面的空白处右键单击，在弹出的快捷菜单中选择"个性化"选项，弹出"个性化"窗口，如图 4-10 所示。

（2）单击"颜色"选项卡，右侧窗口如图 4-11 所示，在其中可更改窗口边框和任务栏的颜色。

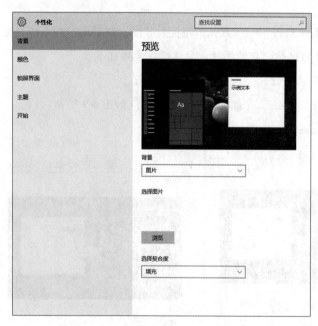

图 4-10

图 4-11

滑动"从我的背景自动选取一种主题色"选项 。如果为"开"状态，则窗口和任务栏的颜色为系统自动从当前桌面背景中选取的；如果为"关"状态，则可以从"选择你的主题色"中选择一种颜色，作为背景色，如图 4-12 所示。

- 滑动"显示开始菜单、任务栏、操作中心和标题栏的颜色"选项 ，可以设置开始菜单、任务栏、操作中心和标题栏的颜色是否与主题色相同。

- 滑动"使开始菜单、任务栏和操作中心透明"选项 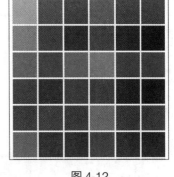，可以设置开始菜单、任务栏和操作中心的显示是否透明化。

4.1.4　设置屏幕保护程序

当长时间不使用计算机时，可以选择设置屏幕保护程序，这样既可以保护显示器（对液晶显示器无效），又可以凸显用户的风格，使待机时的计算机屏幕更美观。具体操作步骤如下。

（1）在桌面的空白处右键单击，在弹出的快捷菜单中选择"个性化"选项，弹出"个性化"窗口，如图 4-13 所示。

（2）单击"锁屏界面"选项，右侧区域如图 4-14 所示。

图 4-12

图 4-13

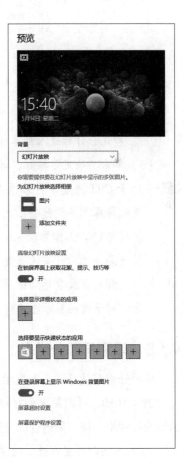

图 4-14

（3）单击"屏幕保护程序设置"选项，弹出的对话框如图 4-15 所示。

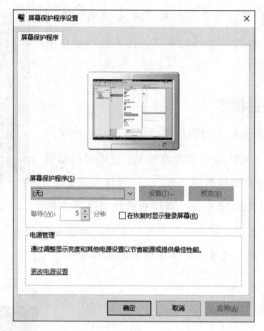

图 4-15

（4）单击"屏幕保护程序"下拉框，选择一种屏幕保护样式，设置"等待"分钟值，即几分钟后进入屏幕保护程序。

（5）单击"确定"按钮，返回"个性化"界面，完成设置。

提示：对于 CRT 来说，屏幕保护是为了不让屏幕一直保持静态的画面太长时间，否则容易造成屏幕上的荧光物质老化进而缩短显示器的寿命；而对于液晶显示器来说，其工作原理与 CRT 工作原理完全不同，液晶显示屏的液晶分子一直是处在开关的工作状态的，且液晶分子的开关次数是有限制的。因此当我们对计算机停止操作时，还让屏幕上显示五颜六色反复运动的屏幕保护程序，无疑使液晶分子依然处在反复的开关状态。因此，对于液晶显示器来说，不建议设置屏幕保护程序。

4.1.5 设置屏幕分辨率

显示分辨率就是屏幕上显示的像素个数。以笔者的显示器分辨率为例子，显示器分辨率为 1920×1080，意思是水平方向含有像素数为 1920 个，垂直方向含有像素数为 1080 个。显示器的尺寸不一样，最适合的分辨率也不一样，下面介绍如何设置屏幕分辨率。

（1）在桌面的空白处右键单击，在弹出的快捷菜单中选择"显示设置"选项，弹出"设置"窗口，如图 4-16 所示。

（2）单击"显示"选项，右侧界面如图 4-17 所示。

图 4-16

图 4-17

（3）单击"高级显示设置"选项，弹出"高级显示设置"窗口，如图 4-18 所示。

图 4-18

（4）单击"分辨率"下拉框，选择合适的分辨率，单击"应用"按钮，完成设置。

4.1.6 保存与删除主题

在 Windows 10 操作系统中，用户可选择系统提供的主题样式。另外，还可将自己设置的主题样式保存下来，以展现自己的风格。具体操作步骤如下。

一、保存主题

（1）右键单击桌面空白地方，在弹出的快捷菜单中单击"个性化"选项，打开个性化设置窗口，如图 4-19 所示。

（2）单击"主题"选项，右侧窗口如图 4-20 所示。

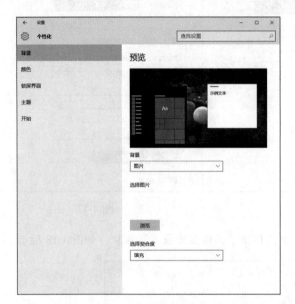

图 4-19   图 4-20

（3）单击"主题设置"选项，弹出主题设置窗口，如图 4-21 所示。

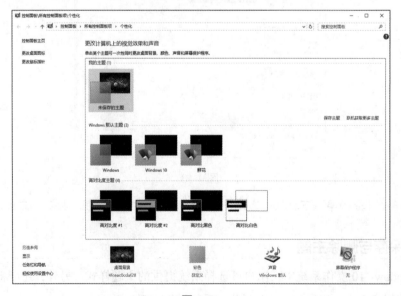

图 4-21

（4）在"我的主题"区域设置完主题后，单击"保存主题"，在弹出的对话框中输入
要保存的主题名称，然后单击"保存"按钮，即可完成设置。

二、删除主题

删除主题样式的方法与保存主题样式的方法类似，只需在"个性化"窗口的主题选项列表中右
键单击要删除的主题，然后在弹出的快捷菜单中选择"删除主题"选项即可，如图 4-22 所示。

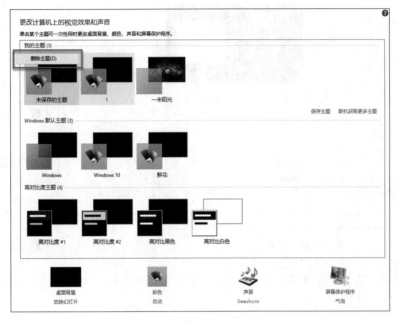

图 4-22

提示： 删除主题样式时，只能删除"我的主题"选项列表中的主题，对于系统自带的主题样
式是不能删除的；且当前应用的主题样式也是不能删除的。

4.2 设置系统声音

系统声音是指 Windows 在执行操作时系统发出的声音，如计算机开机 / 关机时的声音、打开 /
关闭程序的声音、操作错误时的报警声等。用户可以通过个性化的设置，打造属于自己的声音方案。

4.2.1 自定义系统声音方案

Windows 的声音方案是一系列程序事件的声音集合，就像 Windows 开机和关机或者收
到新邮件时所发出的声音。Windows 10 有十几种声音方案，用户可以根据自己的喜好更改系
统默认的声音方案，具体操作步骤如下。

（1）右键单击桌面空白地方，在弹出的快捷菜单中单击"个性化"选项，打开个性化
设置窗口，如图4-23所示。

（2）单击"主题"选项，右侧窗口如图4-24所示。

图 4-23   图 4-24

（3）单击"高级声音设置"选项，弹出"声音"设置窗口，如图4-25所示。

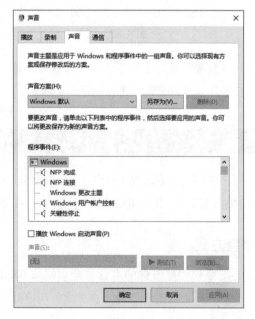

图 4-25

（4）单击"声音方案"下拉框，从其中选择一种声音方案，单击"确定"按钮，返回"个性化"窗口，完成设置。

4.2.2 让不同的应用程序使用不同的音量

我们经常会遇到这种情况，观看电影时，聆听音乐时，不希望被各种提示音（QQ 提示音、微博提示声音等）打扰。最简单的办法是什么呢？最简单便捷的方法就是使用 Windows 10 的音量合成器工具。该工具便捷、方便、安全，具体操作步骤如下。

（1）右键单击任务栏右下角扬声器图标，在弹出的菜单中单击"打开音量合成器"选项，如图 4-26 所示。

（2）在弹出的"音量合成器"对话框中，用鼠标调节各个滑块的位置，即可让不同的应用程序使用不同的音量，如图 4-27 所示。

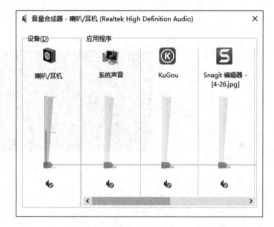

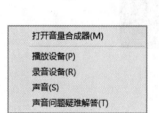

图 4-26   图 4-27

4.3 设置系统日期和时间

在计算机日常使用过程中，如果系统出现了日期或时间的偏差，该如何调整呢？下面介绍 Windows 10 操作系统的日期和时间调整方式。

4.3.1 调整系统日期和时间

（1）左键单击任务栏的时间图标，会弹出一个日历，如图 4-28 所示，单击下方的"日期和时间设置"选项，弹出"时间和语言"窗口，如图 4-29 所示。

（2）在弹出的窗口中，先将自动设置时间关闭，然后单击"更改"按钮，进行时间更改，如图 4-30 所示。

图 4-28

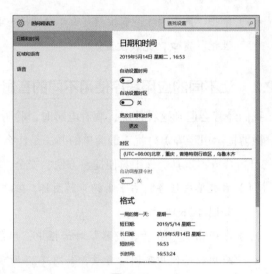

图 4-29

图 4-30

（3）单击"更改"按钮，完成时间设置。

4.3.2　添加附加时钟

当有亲朋好友在国外而自己又对时差完全摸不着头脑时该怎么办呢？ Windows 10 的系统附加时钟功能可以提供帮助，具体操作步骤如下。

（1）左键单击屏幕右下角日期时间 16:51 2019/5/14 星期二，在弹出的窗口中，单击"日期和时间设置"，如图 4-31 所示。

（2）在弹出的"设置"窗口中，单击"添加不同时区的时钟"选项，如图 4-32 所示。

（3）在弹出的"日期和时间"窗口中，如图 4-33 所示，可以勾选"显示此时钟"复选框，然后在"选择时区"下拉框中选择时区，在"输入显示名称"文本框中输入自定义的时钟名称。

（4）单击"确定"按钮，完成时钟设置。这时单击任务栏右下角的日期时间，在弹出窗口中可以看到新定义的时钟，如图 4-34 所示。

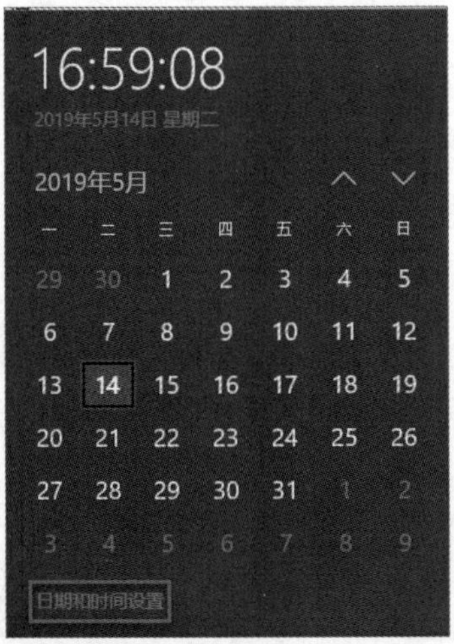

日期和时间

2019年5月14日 星期二 , 17:02

自动设置时间
⬤ 关

自动设置时区
⬤ 关

更改日期和时间
更改

时区
(UTC+08:00)北京，重庆，香港特别行政区，乌鲁木齐

自动调整夏令时
⬤ 关

格式

一周的第一天: 星期一
短日期: 2019/5/14 星期二
长日期: 2019年5月14日 星期二
短时间: 16:53
长时间: 16:53:24
更改日期和时间格式

相关设置

其他日期、时间和区域设置
添加不同时区的时钟

图 4-31

图 4-32

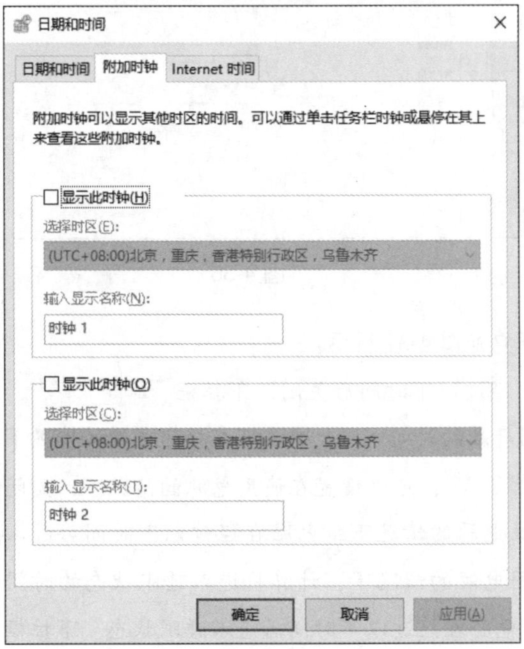

🕘 日期和时间   ✕

日期和时间 附加时钟 Internet 时间

附加时钟可以显示其他时区的时间。可以通过单击任务栏时钟或悬停在其上来查看这些附加时钟。

☐ 显示此时钟(H)

选择时区(E):

(UTC+08:00)北京，重庆，香港特别行政区，乌鲁木齐   ⌄

输入显示名称(N):

时钟 1

☐ 显示此时钟(O)

选择时区(C):

(UTC+08:00)北京，重庆，香港特别行政区，乌鲁木齐   ⌄

输入显示名称(T):

时钟 2

确定   取消   应用(A)

图 4-33

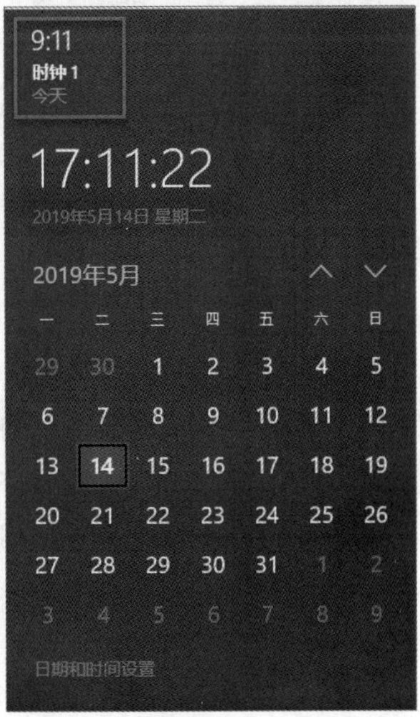

9:11
时钟 1
今天

17:11:22

2019年5月14日 星期二

2019年5月   ∧   ∨

一   二   三   四   五   六   日

29   30   1   2   3   4   5

6   7   8   9   10   11   12

13   14   15   16   17   18   19

20   21   22   23   24   25   26

27   28   29   30   31   1   2

3   4   5   6   7   8   9

日期和时间设置

图 4-34

103

4.4 其他个性化设置

除前面介绍的一些操作系统个性化设置外，还有些系统细节方面的设置，下面进行简要介绍。

4.4.1 更改电源选项

用户在计算机日常使用过程中，常常会碰到这样一种情况，临时有事出去一下，但是忘记关闭或者睡眠计算机了，怎么办呢？这时用户可以通过制定自己的电源计划，来解决这个问题，具体操作步骤如下。

（1）单击任务栏左下角的 ▦ 图标，弹出开始菜单栏，单击"设置"选项，弹出"设置"窗口，如图 4-35 所示。

（2）单击"系统"选项，弹出"系统"页面，如图 4-36 所示。

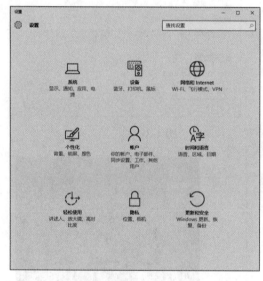

图 4-35

图 4-36

（3）单击"电源和睡眠"选项，右侧窗口如图 4-37 所示。

（4）单击"在使用电池电源的情况下，经过以下时间后关闭"下拉框 ，可以设置在使用电池的情况下，关闭屏幕的时间间隔；单击"在接通电源的情况下，经过以下时间后关闭"下拉框 ，可以设置在使用电源的情况下，关闭屏幕的时间间隔；单击"在使用电池电源的情况下，电脑在经过以下时间后进入睡眠状态"下拉框，可以设置在使用电池的情况下，计算机进入睡眠状态的时间间隔；单击"在接通电源的情况下，电脑在经过以下时间后进入睡眠状态"下拉框，可以设置在使用电源的情况下，计算机进入睡眠状态的时间间隔。

在播放锁屏界面幻灯片放映时，屏幕和睡眠设置不适用。

更改幻灯片放映设置

屏幕

在使用电池电源的情况下，经过以下时间后关闭

10 分钟

在接通电源的情况下，经过以下时间后关闭

从不

睡眠

在使用电池电源的情况下，电脑在经过以下时间后进入睡眠状态

15 分钟

在接通电源的情况下，电脑在经过以下时间后进入睡眠状态

从不

相关设置

其他电源设置

图 4-37

4.4.2 将程序图标固定到任务栏

在日常计算机使用过程中，用户通常会为了方便而在任务栏固定一些常用文件夹或应用，具体方法如下。

（1）方法一。

右键单击需要添加到任务栏的程序图标，然后在弹出的快捷菜单中，单击"固定到任务栏"，如图 4-38 所示，即可将应用图标添加到任务栏。

（2）方法二。

直接用鼠标左键拖动程序图标至任务栏，松开鼠标后，应用程序的图标即被固定到任务栏。

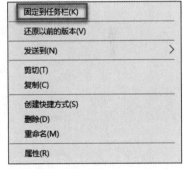

固定到任务栏(K)

还原以前的版本(V)

发送到(N)

剪切(T)
复制(C)

创建快捷方式(S)
删除(D)
重命名(M)

属性(R)

图 4-38

4.4.3 显示 / 隐藏通知区域中的图标

很多应用程序运行时，其图标会在任务栏右侧的通知区域中显示出来，包括音量和网络等不常用的图标，如果任务栏通知区域图标过多，会挤占通知区域的空间，而减少任务栏图标的有效显示数量。用户可以通过设置将"不想见到的图标"隐藏起来，把"希望见到的图标"显示出来，达到释放任务栏空间及有效利用通知区域的目的，具体操作步骤如下。

（1）在"任务栏"的空白处单击鼠标右键，从弹出的快捷菜单中选择"属性"菜单项，
　　如图 4-39 所示，弹出窗口如图 4-40 所示。

图 4-39

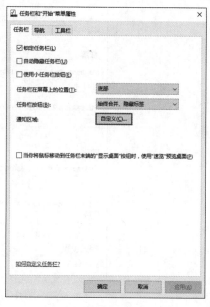

图 4-40

（2）单击"任务栏"标签，在"通知区域"单击"自定义"按钮，弹出窗口如图4-41所示。

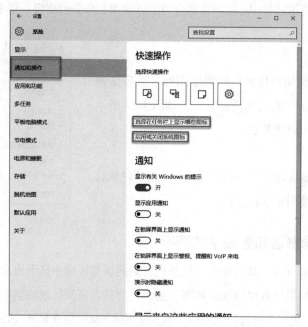

图 4-41

（3）单击"选择在任务栏上显示哪些图标"选项，弹出窗口如图4-42所示，可以通过
滑动开/关按钮，来设置应用图标是否在通知区域显示；也可以通过滑动"通知区

域始终显示所有图标"开/关，来一键设置所有图标的显示与隐藏。

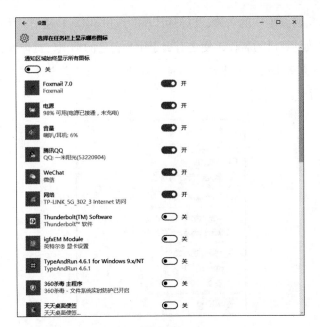

图 4-42

（4）单击"启用或关闭系统图标"，弹出窗口如图 4-43 所示，此窗口内列出的为系统默认
自带的一些应用，可以通过滑动开/关按钮，来设置这些应用图标是否在通知区域显示。

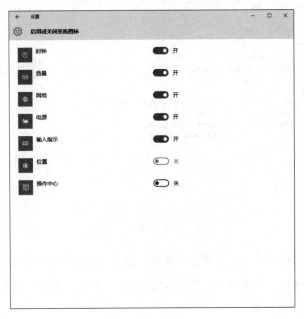

图 4-43

4.4.4　更改计算机名称

网络上的计算机需要唯一的名称，以便可以相互进行识别和通信。大多数计算机有默认名称，用户可以更改计算机的名称，使之有属于用户自己的标识，具体操作步骤如下。

（1）右键单击桌面上的"此电脑"图标，在弹出的快捷菜单中单击"属性"菜单，如图 4-44 所示。

图 4-44

（2）弹出窗口如图 4-45 所示，单击"更改设置"选项，弹出窗口如图 4-46 所示。

图 4-45

（3）单击"计算机名"标签，单击"更改"按钮，弹出窗口如图 4-47 所示。

（4）在"计算机名"文本框中，输入计算机名，单击"确定"按钮，即可完成设置，效果如图 4-48 所示。

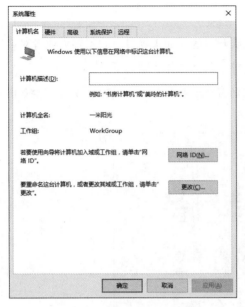

图 4-46

图 4-47

图 4-48

4.5 快速启动计算机

相比于苹果计算机，Windows 操作系统的启动速度一直相对比较慢，但是微软一直在努力改善 Windows 的启动速度。Windows 10 延续了上一代操作系统的快速启动功能。快速启动功能采用了混合启动技术，采用了类似休眠的方式，可以使计算机迅速从关机状态启动。用户可以明显感觉到，Windows 10 的启动速度较 Windows 7 明显快很多。

4.5.1 快速启动的原理

Windows 10 的快速启动可以理解为另一种方式的休眠，休眠时系统会自动将内存中的数据全部转存到硬盘上一个休眠文件中，然后切断对所有设备的供电。当恢复的时候，系统会从硬盘上将休眠文件的内容直接读入内存，并恢复到休眠之前的状态。快速启动和休眠不同的地方在于，休眠是将内存中所有数据都存入硬盘，而快速启动只是将系统核心文件保存到硬盘内，这样的情况下，Windows 10 的关机速度会比休眠快。

4.5.2 关闭 / 开启快速启动功能

快速启动功能在 Windows 10 系统中是默认开启的，如果硬盘空间不够大或者对启动速度没有很高的要求，则用户也可以关闭这个功能，具体操作步骤如下。

（1）单击任务栏左下角的 ▦ 图标，在弹出的窗口中单击"设置"选项，弹出窗口如图 4-49 所示。

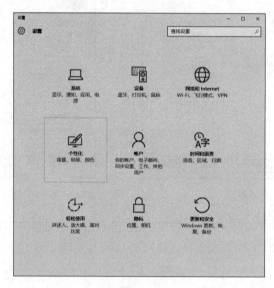

图 4-49

（2）单击"系统"选项，弹出窗口如图 4-50 所示；单击"其他电源设置"，弹出窗口如图 4-51 所示。

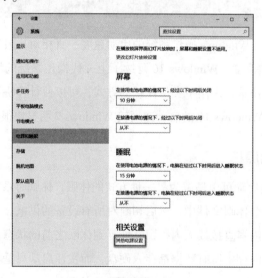

图 4-50

图 4-51

（3）单击"唤醒时需要密码"选项，弹出窗口如图 4-52 所示。

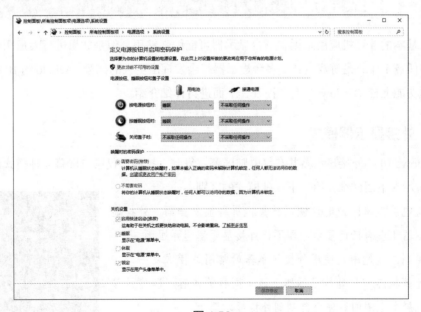

图 4-52

（4）单击新窗口右侧的"更改当前不可用设置"链接，勾选"启用快速启动"单选框，
如图 4-53 所示。

（5）单击"保存修改"按钮，完成设置。

图 4-53

4.6　使用多个显示器

对于基本的计算机应用来说，一台显示器可能勉强够用，但是如果进行大量图形处理、密集的多任务工作或是游戏竞技，多台显示器就会发挥出更大的优势。Windows 10 在多显示器支持的功能上较 Windows 7 有了提升，下面进行详细介绍。

4.6.1　外接显示器模式

Windows 10 的外接显示器共有仅电脑屏幕、复制、扩展、仅第二屏幕 4 种模式设置，如图 4-54 所示，下面详细介绍一下 4 种模式的区别。

- 仅电脑屏幕：此时仅使用计算机屏幕显示画面，外接显示器上没有任何显示，即不让外接显示器显示画面。
- 复制：这是用户使用外接显示器时常用的模式之一，在计算机屏幕和外接显示器上显示同样的内容，即将计算机屏幕上的内容完全复制到外接显示器上。
- 扩展：这是用户使用外接显示器时最常用的模式。此时外接显示器就是计算机本机显示器的延伸。相当于用户多了一个工作桌面。用户可以在两台显示器上显示不同的内容。在进行校对、比较或者显示较多窗口时，外接

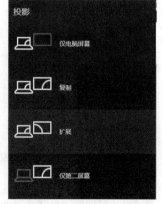

图 4-54

显示器的扩展设置很有帮助。

- 仅第二屏幕：此模式下，计算机显示器会关闭，所有信息在外接显示器上显示。

4.6.2　外接显示器的其他设置

除了上面的 4 种模式之外，Windows 10 提供了更加丰富的选项来对外接显示器进行设置，使用户能更好地使用外接显示器。

一、主从显示器设置

该选项主要是设置选择要显示主桌面的窗口，在主显示器桌面会有任务栏通知区域和系统时钟，具体操作步骤如下。

（1）右键单击桌面空白处，在弹出的快捷菜单中单击"显示设置"，如图 4-55 所示。

（2）单击"显示"选项，右侧窗口如图 4-56 所示。如果本机连接了多个显示器，则在"自定义显示器"区域会有多个显示器图标展现。

图 4-55

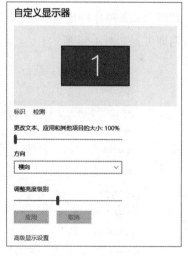

图 4-56

（3）左键单击需要设置为主显示器的显示器，然后勾选下方的"使之成为我的主显示器"，如图 4-57 所示。

二、屏幕显示方向设置

如果外接显示器支持旋转功能，那么用户可以通过旋转显示器来达到最佳的显示效果。这个时候需要调整屏幕显示方向来使外接显示器能够正确地显示，具体操作步骤如下。

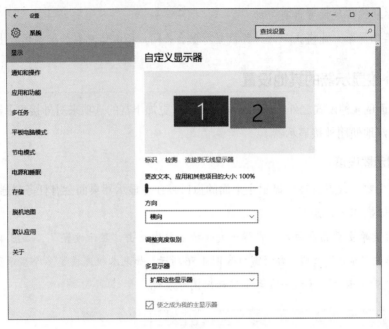

图 4-57

按照上面的操作调出显示设置窗口，然后单击"方向"选项的下拉菜单，选择正确的旋转方向即可，如图 4-58 所示。

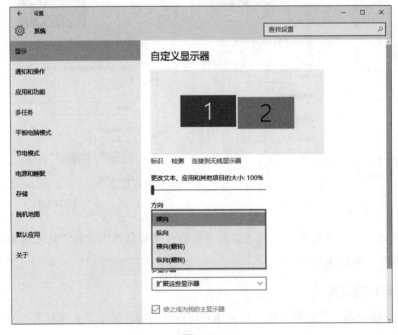

图 4-58

三、调整屏幕位置和次序

Windows 10 默认外接显示器在主显示器右侧，如果用户实际的位置和默认的位置不一致，则通过显示设置选项来调整即可。

按照上面的操作，调出"显示设置"窗口，然后在要移动的显示器上按住鼠标左键不放，将其拖动到与实际显示器摆放的位置一致即可。

4.6.3 外接显示器的任务栏设置

Windows 7 与之前的操作系统都不支持在外接显示器上显示任务栏，这一功能在 Windows 10 上得到了实现，这样用户在外接显示器上切换窗口时，不用再将鼠标移动到主显示器上，具体操作步骤如下。

（1）右键单击任务栏空白处，在弹出的快捷菜单中单击"属性"选项，如图 4-59 所示。

（2）在弹出的窗口中选择"任务栏"选项卡，在多显示器功能区，勾选"在所有显示器上显示任务栏"单选框，如图 4-60 所示，多显示器功能区的两个下拉框可以选择任务栏按钮的显示方式和其他任务栏上按钮的显示方式，可以根据个人需要进行设置。

图 4-59

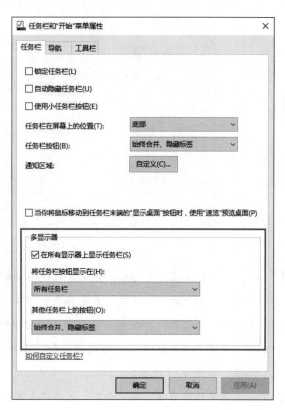

图 4-60

4.7 输入法和多语言设置

　　Windows 10 操作系统支持多达 109 种语言。此外，系统自带的微软输入法也较之前的版本有了增强，如果用户对输入的要求不是很高，那么微软输入法完全可以胜任。如果用户需要其他语言的输入法，该如何添加呢？下面进行详细说明。

　　以简体中文版系统为例，系统默认只安装了简体中文的输入法，如果用户需要阅读或输入其他语言，则需要添加输入法，具体操作步骤如下。

（1）单击任务栏左下角的■图标，在打开的开始菜单栏中单击"设置"选项，弹出窗口如图 4-61 所示。

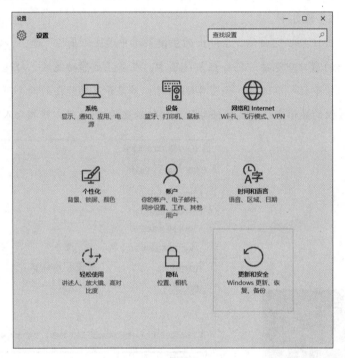

图 4-61

（2）单击"时间和语言"选项，弹出窗口如图 4-62 所示。

（3）单击"区域和语言"选项，右侧窗口如图 4-63 所示。

（4）单击"添加语言"按钮 + ，可在弹出的窗口中选择所需要的语言。

（5）单击需要添加的语言，即可完成添加。此时，在"语言"区域可以看到新添加的语言，如图 4-64 所示。

（6）如果需要删除语言，在"语言"区域单击需要删除的语言，在弹出选项中单击"删除"按钮，即可完成删除，如图 4-65 所示。

图 4-62

图 4-63

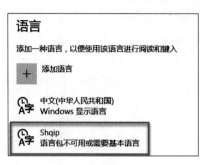

图 4-64

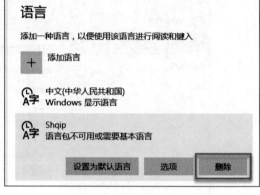

图 4-65

第5章

高效管理文件与文件夹

经过前面几章的学习，我们已经了解了 Windows 10 的基本设置与操作，下面来学习 Windows 10 系统的文件和文件夹管理。Windows 10 系统中有着极其强大的文件管理功能，用户可以通过它对文件和文件夹进行管理及操作。本章将主要介绍有关文件和文件夹的基础、文件和文件夹的基本操作、浏览文件和文件夹以及搜索文件等知识，其中重点介绍文件与文件夹的操作，主要包括新建、删除、选择、复制、移动、重命名以及设置文件夹的属性等内容。

5.1　查看计算机中的资源

在 Windows 10 系统中，"计算机"窗口中提供了多种浏览文件的方式，例如，可以通过窗口工作区查看，可以通过地址栏查看，可以通过文件夹窗格查看。下面对这几种方式进行一一介绍。

5.1.1　通过窗口工作区查看

在计算机桌面双击"此电脑"，弹出窗口如图 5-1 所示，通过单击左边导航窗口的选项，可以打开目标文件或者文件夹。这种方式下对窗口工作区的查看和操作比较直观。

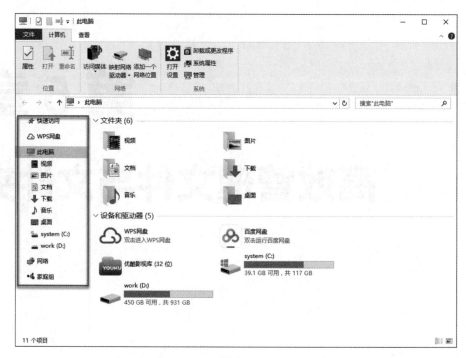

图 5-1

5.1.2　通过地址栏查看

在 Windows 10 操作系统中，当用户在导航窗格中浏览文件或文件夹时，"计算机"窗口的地址栏中也会显示当前浏览的位置，用户在地址栏中单击任何文件夹名称，即可进入相应的文件夹，如图 5-2 所示。

可以通过单击文件夹边上的下拉按钮，来进入该文件夹中的任意子文件夹，如图 5-3 所示。

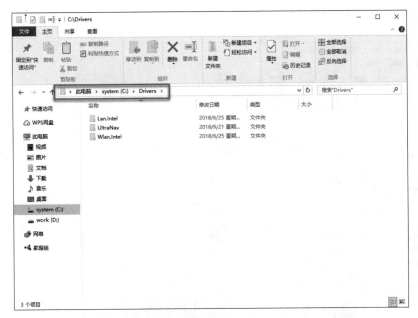

图 5-2

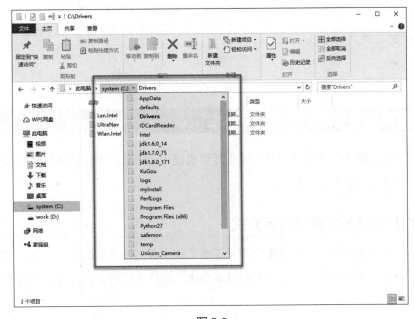

图 5-3

5.1.3　通过文件夹窗格查看

用户还可以在文件夹窗格中直接双击要打开的文件夹，来进行文件或者文件夹的浏览，如图 5-4 所示。

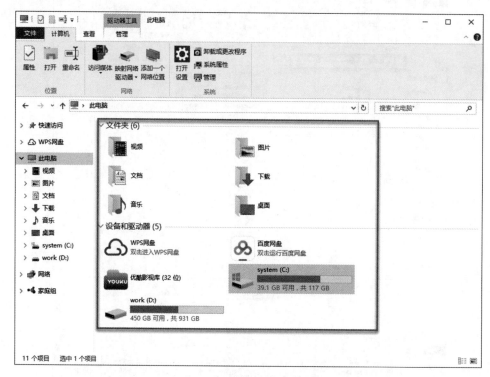

图 5-4

5.2　文件与文件夹的基本操作

文件与文件夹的操作，是用户日常操作计算机使用最频繁的动作，熟练掌握文件与文件夹的使用，能够有效提高工作效率。

5.2.1　设置文件与文件夹显示方式

在计算机日常使用中，用户常常会希望某些文件或者文件夹不被外人看到，希望把它们隐藏起来，只有在需要的时候，人将它们显示出来。设置文件与文件夹显示方式的具体操作步骤如下。

一、隐藏文件或文件夹

（1）右键单击文件或文件夹，在弹出的快捷菜单中单击"属性"，如图 5-5 所示。

（2）在弹出的文件夹属性窗口中，勾选"隐藏"框，如图 5-6 所示，然后单击"确定"按钮完成设置。这时，刚刚设置的文件夹就被隐藏了。

图 5-5

图 5-6

二、显示隐藏的文件或文件夹

在 Windows 10 系统中，某些文件或文件夹设置为"隐藏"属性后，用户自己也将看不到该文件。那么如何才能看到隐藏的文件或者文件夹呢？具体操作步骤如下。

（1）在桌面双击"此电脑"图标，弹出如图 5-7 所示。

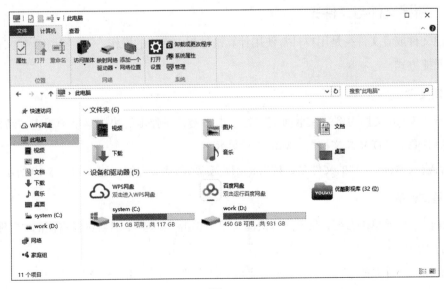

图 5-7

（2）单击"查看"标签页，如图 5-8 所示，勾选"隐藏的项目"复选框，即可看到隐藏的文件或文件夹。

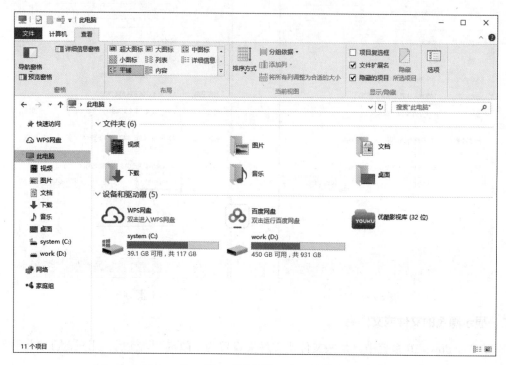

图 5-8

5.2.2　新建文件与文件夹

新建文件或者文件夹是用户日常使用计算机过程中常用的操作，下面介绍新建文件或文件夹的便捷方式。

一、新建文件

以新建 Word 文档为例，在桌面空白处单击右键，在弹出的快捷菜单中单击"新建"，然后选择右侧的"DOCX 文档"，如图 5-9 所示。

然后输入 Word 文档的文件名，按 Enter 键完成 Word 文件的新建，如图 5-10 所示。

二、新建文件夹

在桌面空白处单击右键，在弹出的快捷菜单中单击"新建"，然后选择右侧的"文件夹"，如图 5-11 所示。

然后输入文件夹的名称，按 Enter 键完成文件夹的新建，如图 5-12 所示。

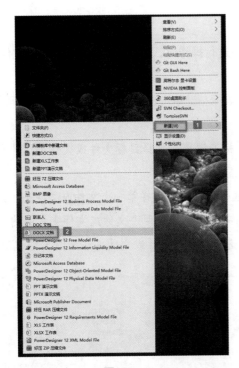

图 5-9

图 5-10

图 5-11

图 5-12

5.2.3　选择文件与文件夹

用户日常对计算机上的文件或文件夹进行操作时，首先即需要选择正确的文件或文件夹。下面介绍几种选择文件或文件夹的情况。

（1）选择单个文件或文件夹：直接鼠标左键单击选中目标文件或文件夹即可。

（2）选择多个文件或文件夹。

- 方法一：按住 Ctrl 键，然后用鼠标左键单击选择目标文件或文件夹。此种方式适用于不连续的文件或文件夹的选择。

- 方法二：按住 Shift 键，然后用鼠标左键单击选择第一个文件或文件夹，然后再用鼠标左键单击最后一个文件或文件夹，这时候这两个文件或文件夹之间的文件或文件夹都会被选择。此种方式适用于选择连续的文件或文件夹，如图 5-13 所示。

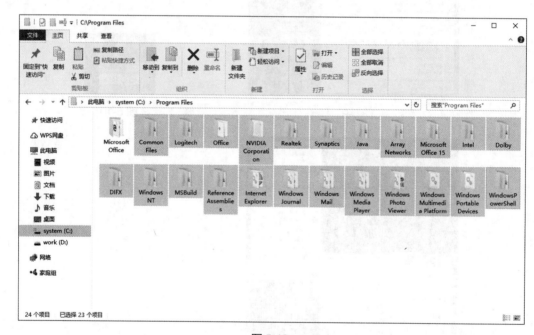

图 5-13

（3）单击窗口上方的全部选择按钮或按快捷键 Ctrl+A，则当前窗口的文件和文件夹会被全部选中。此种方式适用于选择全部文件和文件夹，如图 5-14 所示。

5.2.4　重命名文件或文件夹

在日常操作文件或文件夹过程中，经常会遇到需要修改文件或文件夹名称的情况，下面进行详细介绍，具体操作步骤如下。

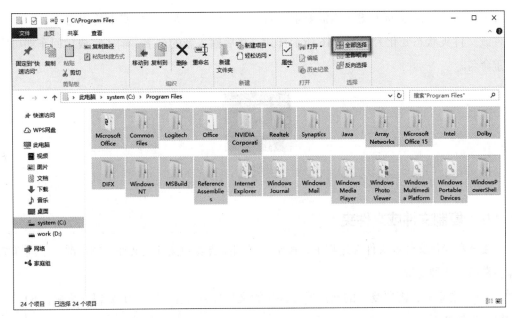

图 5-14

（1）方法一：打开"资源管理器"，找到并鼠标左键单击选中需要重命名的文件或文件夹，单击窗口上部的"重命名"按钮，然后输入新的名字即可，如图 5-15 所示。

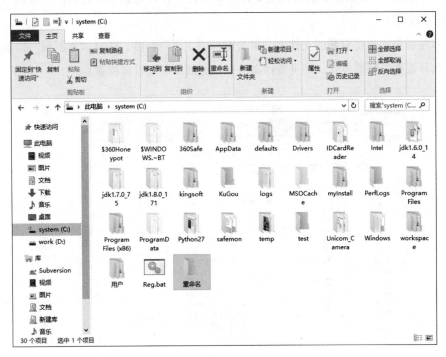

图 5-15

（2）方法二：鼠标左键单击需要重命名的文件或文件夹，按键盘上的功能键 F2。此时文件或文件夹状态变化为如图 5-16 所示样式，然后输入新的名字，输入完成后回车即可完成重命名。

图 5-16

5.2.5　复制文件或文件夹

在日常操作文件或文件夹过程中，经常会遇到需要复制文件或文件夹的情况，下面详细介绍常用的几种场景。

（1）场景一：需要复制的文件或文件夹源文件保存在桌面上。此处以文件夹为例，具体操作步骤如下。

鼠标左键单击需要复制的文件夹，按快捷键 Ctrl + C 。选择需要复制的位置，按快捷键 Ctrl + V ，稍等片刻，即可看到文件夹已经被复制到目标位置。

（2）场景二：需要复制的文件或文件夹源文件保存在磁盘上。此处以文件夹为例，具体操作步骤如下。

鼠标左键单击需要复制的文件夹，单击窗口"主页"标签，选择"复制到"，如图 5-17 所示。选择需要复制的位置，即可看到文件夹已经被复制到目标位置。

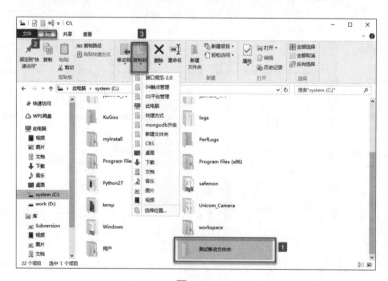

图 5-17

5.2.6　移动文件或文件夹

在日常操作文件或文件夹过程中，经常会遇到需要移动文件或文件夹名称的情况，下面详细介绍常用的几种场景。

（1）场景一：需要移动的文件或文件夹源文件保存在桌面上。此处以文件夹为例，具体操作步骤如下。

鼠标左键单击需要移动的文件夹，按快捷键 Ctrl+X。选择需要移动的位置，按快捷键 Ctrl+V，稍等片刻，即可看到文件夹已经被移动到目标位置，原位置该文件夹已被删除。

（2）场景二：需要移动的文件或文件夹源文件保存在磁盘上。此处以文件夹为例，具体操作步骤如下。

鼠标左键单击需要移动的文件夹，单击窗口"主页"标签，选择"移动到"，如图 5-18 所示。选择需要移动到的位置，即可看到文件夹已经被移动到目标位置，原位置该文件夹已被删除。

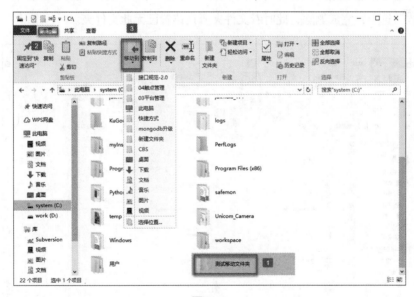

图 5-18

5.2.7　删除文件或文件夹

在日常操作文件或文件夹过程中，经常会遇到需要删除文件或文件夹名称的情况，下面详细介绍常用的几种场景。

（1）场景一：临时删除文件或文件夹，此处以删除文件夹为例。

- 方法一。

鼠标左键单击需要删除的文件夹，按键盘上的 Delete 键，弹出如图 5-19 所示窗口。单击"是"按钮，完成删除，此时看文件夹所在位置已无此文件夹。

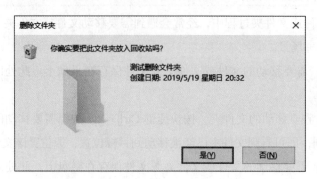

图 5-19

- 方法二。

鼠标左键单击需要删除的文件夹，单击窗口"主页"标签，选择"删除"，如图 5-20 所示。单击"回收"选项，完成删除，此时看文件夹所在位置已无此文件夹。

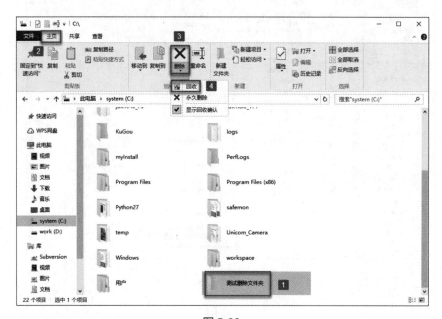

图 5-20

提示：采用这种方式删除文件或文件夹，并不会彻底删除文件或文件夹。删除的文件夹在桌面的"回收站"中依然存在，用户可以通过回收站进行文件或文件夹的恢复。双击桌面上的"回收站"，弹出窗口如图 5-21 所示，可以看到被删除的文件夹，鼠标左键单击文件夹，在弹出窗口中单击"还原"选项，如图 5-22 所示，即可将该文件夹还原到原位置。

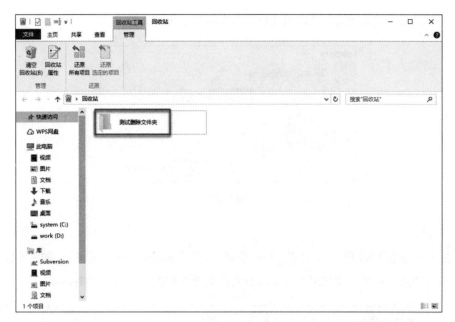

图 5-21

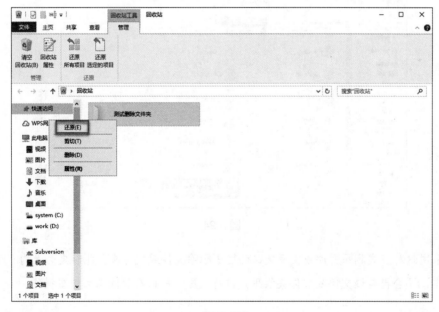

图 5-22

（2）场景二：永久删除文件或文件夹，此处以删除文件夹为例。

• 方法一。

鼠标左键单击需要删除的文件夹，按键盘上的 Shift + Delete 组合键，弹出图5-23所示窗口。

单击"是"按钮，完成删除，此时看文件夹所在位置已无此文件夹。

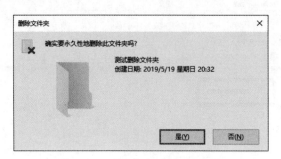

图 5-23

- 方法二。

鼠标左键单击需要删除的文件夹，单击窗口"主页"标签，选择"删除"，如图 5-24 所示。
单击"永久删除"选项，完成删除，此时看文件夹所在位置已无此文件夹。

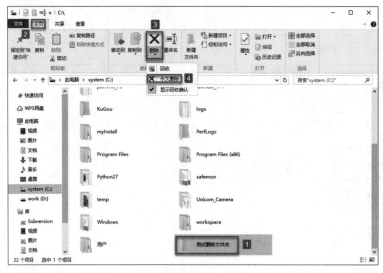

图 5-24

提示：采用这种方式删除文件或文件夹，会彻底删除文件或文件夹。此时桌面上的"回收站"中，不会再有该文件或文件夹供用户进行还原，所以在删除前须慎重操作。

5.2.8 搜索文件或文件夹

在日常操作文件或文件夹过程中，当一个文件夹内有很多文件和子文件夹时，要找一个文件会变得很麻烦，这时候可以使用搜索功能，提高工作效率。搜索文件或文件夹的具体操作步骤如下。

（1）双击桌面"此电脑"图标，打开文件资源管理器，如图 5-25 所示。

图 5-25

（2）单击"搜索框"，输入搜索关键字，此时计算机即开始在当前文件夹及子文件夹中进行搜索，如图 5-26 所示。

图 5-26

（3）搜索完成后，如果搜索到结果，则搜索结果会在结果区列出来，如图 5-27 所示。

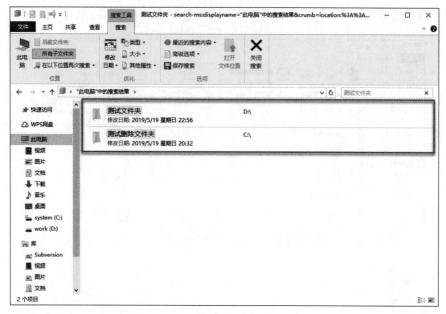

图 5-27

5.3 文件与文件夹的设置

文件和文件夹都是 Windows 10 操作系统中重要的基本概念，在用户日常的计算机操作中，几乎所有的操作对象都是基于文件和文件夹的。下面介绍文件和文件夹的设置。

5.3.1 设置文件与文件夹属性

文件属性是指将文件分为不同类型的文件，以便存放和传输，它定义了文件的某种独特性质。常见的文件属性有系统属性、隐藏属性、只读属性和归档属性。

一、系统属性

文件的系统属性是指系统文件，它将被隐藏起来，在一般情况下，系统文件不能被查看，也不能被删除，是操作系统对重要文件的一种保护属性，防止这些文件被意外损坏。

二、隐藏属性

在查看磁盘文件的名称时，系统一般不会显示具有隐藏属性的文件名。具有隐藏属性的文件不能被删除、复制和更名。

三、只读属性

对于具有只读属性的文件，可以查看它的名字，它能被应用，也能被复制，但不能被修改和删除。如果将可执行文件设置为只读文件，不会影响它的正常执行，但可以避免意外的删除和修改。

四、存档属性

一个文件被创建之后，系统会自动将其设置成存档属性，这个属性常用于文件的备份。下面以文件夹为例介绍如何设置属性，具体操作步骤如下。

（1）右键单击需要设置属性的文件夹，在弹出的快捷菜单中单击"属性"选项，如图 5-28 所示。

（2）在弹出的窗口中，可以设置文件夹的各种属性，如图 5-29 所示。

图 5-28

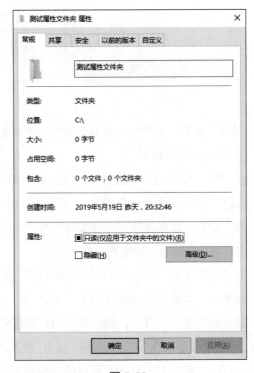

图 5-29

- 单击"常规"选项卡，可以查看文件夹的基本属性内容，如文件夹类型、所在位置、大小、占用磁盘空间、文件夹内包含文件及子文件夹数量。勾选"只读""隐藏"单选框，可以设置文件的"只读""隐藏"属性，如图 5-30 所示。

单击"高级"按钮，弹出"高级属性"窗口，如图 5-31 所示，可以设置存档文件夹、索引文件夹、压缩属性等。

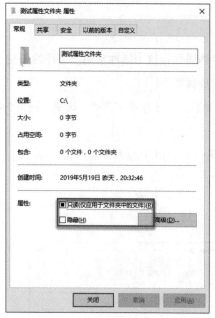

图 5-30

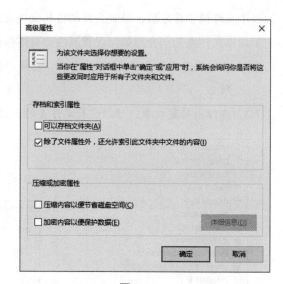

图 5-31

- 单击"共享"选项卡，可以设置文件夹的共享
  属性，如图 5-32 所示。

单击"共享"按钮，弹出"文件共享"窗口，如图 5-33
所示，可以在文本框内输入希望共享的用户名称。单
击"添加"按钮，即可将该用户添加到共享用户清单
中；单击"共享"按钮，即可共享此文件夹。

单击"高级共享"按钮，弹出"高级共享"窗口，
如图 5-34 所示，勾选"共享此文件夹"单选框，可以
进行"共享名"属性的设置，同时共享用户数量限制
的设置、注释填写等属性。单击"权限"按钮，弹出"共
享权限"窗口，如图 5-35 所示，可以针对不同用户，
分别进行"完全控制""更改""读取"权限的设置。
单击"缓存"按钮，弹出"脱机设置"窗口，如图 5-36
所示，可以设置"脱机用户可用的文件和程序（如果
有）"属性。

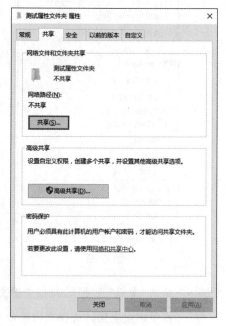

图 5-32

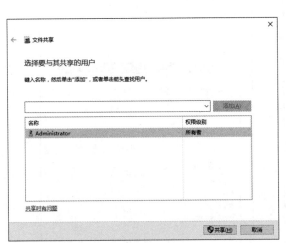

图 5-33

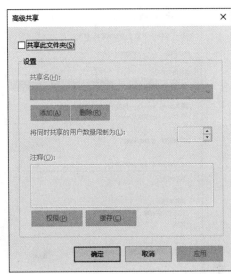

图 5-34

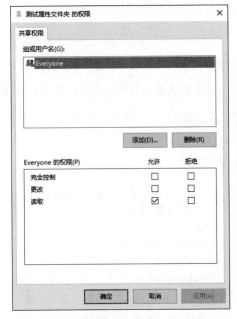

图 5-35

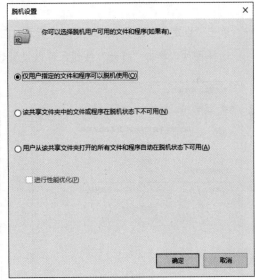

图 5-36

- 单击"安全"选项卡，可以设置文件夹的安全属性，如图5-37所示。单击"编辑"按钮，弹出窗口如图5-38所示，可以设置用户的添加与删除以及权限"允许"与"拒绝"属性。
- 单击"以前的版本"选项卡，如图5-39所示。如果设置了卷影备份，这里可以显示文件或文件夹之前的版本，单击"打开"按钮，可以打开某个时间节点的文件夹；单击"还原"按钮，可以将文件夹还原至某个时间节点。

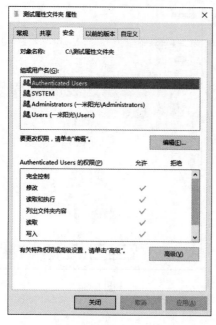

图 5-37

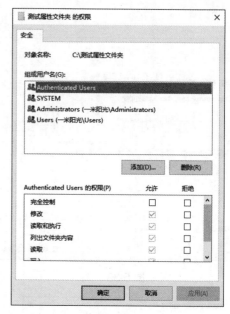

图 5-38

- 单击"自定义"选项卡，如图 5-40 所示。在"文件夹图片"区域，单击"选择文件"按钮，选择图片，单击"打开"按钮，可以设置该文件夹默认显示的缩略图，如图 5-41 所示。

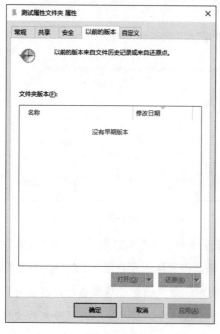

图 5-39

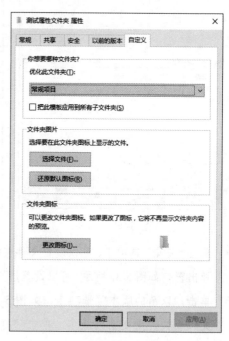

图 5-40

单击"还原默认图标"按钮，即可还原文件夹默认显示缩略图。

单击"更改图标"按钮，弹出窗口如图 5-42 所示，可以设置文件夹的图标样式，或者还原文件夹图标默认样式。

图 5-41

图 5-42

5.3.2 显示隐藏的文件或文件夹

在日常计算机使用过程中，用户常常希望将某些文件或文件夹隐藏起来，不被别人查看，只在需要的时候再显示出来进行查看与使用，具体操作步骤如下。

（1）双击桌面"此电脑"图标，打开"资源管理器"窗口，如图 5-43 所示。

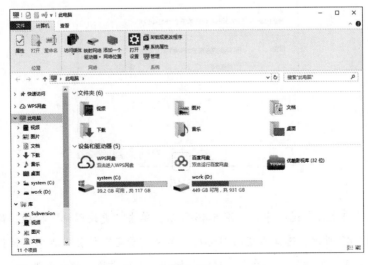

图 5-43

（2）单击"查看"标签页，在功能区中勾选"隐藏的项目"单选框，如图5-44所示。此时，隐藏的文件或文件夹即可显示出来。

图 5-44

5.3.3 设置个性化的文件夹图标

系统默认的文件夹图标只有一种，但用户可以对其进行个性化设置，具体操作步骤如下。

一、方法一

（1）鼠标右键单击文件夹，在弹出的菜单中选择"属性"，弹出的对话框如图5-45所示。

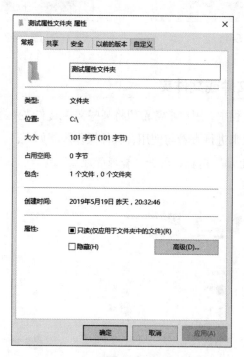

图 5-45

（2）单击"自定义"选项卡，如图5-46所示，单击"更改图标"按钮，弹出的对话框如图5-47所示，选择希望的图标后，单击"确定"按钮，返回属性设置窗口，单击"应用"按钮后，再单击"确定"按钮，完成设置，最终效果如图5-48所示。

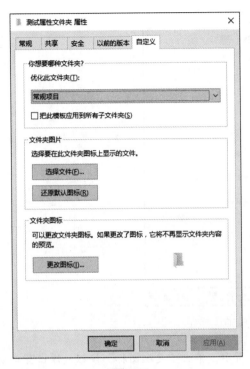

图 5-46

图 5-47

二、方法二

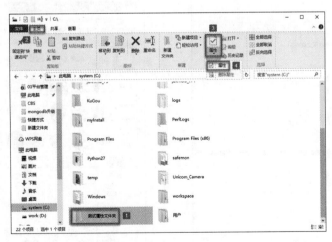

（1）鼠标左键单击选中要更改的文件夹，然后单击窗口上部的"主页"便签，选择"属性"选项，如图 5-49 所示。

图 5-48

图 5-49

（2）单击"属性"选项，弹出窗口如图 5-50 所示。

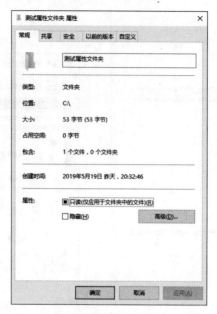

图 5-50

（3）单击"自定义"选项卡，如图 5-51 所示，单击"更改图标"按钮，弹出窗口如图 5-52 所示，选择希望的图标后，单击"确定"按钮，返回属性设置窗口，单击"应用"按钮后，再单击"确定"按钮，完成设置，最终效果如图 5-53 所示。

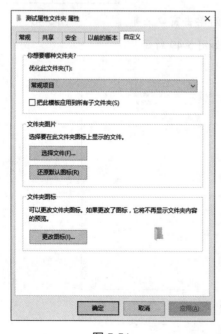

图 5-51

图 5-52

测试属性文件夹

图 5-53

5.4 通过库管理文件

如果用户计算机中有很多文件夹，这些文件夹中又有许多子文件，则整理起来会很麻烦。Windows 10 操作系统引入了库的概念，可以通过"库"这种方式更方便地管理文件。下面详细介绍"库"的使用。

5.4.1 "库"式存储和管理

库把搜索功能和文件管理功能整合在一起，改变了 Windows 传统的资源管理器烦琐的管理模式。"库"所倡导的是抛弃原先使用文件路径、文件名来访问，通过搜索和索引方式来访问所有资源。

"库"实际上是一个特殊的文件夹，不过系统并不是将所有的文件都保存到"库"里，而是将分布在硬盘上不同位置的同类型文件进行索引，将文件信息保存到"库"中。

在 Windows 10 中，库是默认不显示的。需要将它显示出来时，具体操作步骤如下。

（1）在桌面上双击"此电脑"，打开资源管理器，在窗口的上部，单击"查看"选项卡，然后单击"选项"按钮，如图 5-54 所示，弹出窗口如图 5-55 所示。

图 5-54

（2）单击"查看"选项卡，在"高级设置"区域勾选"显示库"单选框，如图 5-56 所示，单击"确定"按钮，完成设置。此时，在资源管理器左侧快捷方式区域即可看到"库"文件夹，如图 5-57 所示。

5.4.2 活用"库"分类管理文件

Windows 10 的"库"提供了强大的文件管理功能，可以将散落在磁盘各个地方的文件或文件夹整合到一起，且不影响原来文件和文件夹的位置。那么如何利用库来管理文件呢？

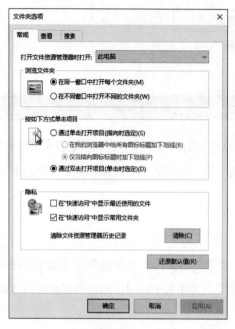

图 5-55

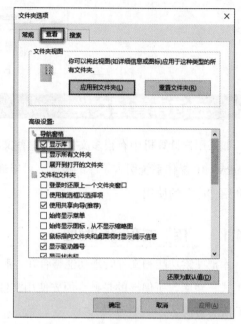

图 5-56

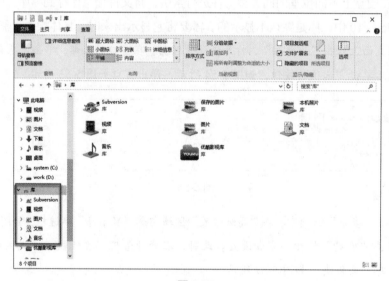

图 5-57

下面以视频库为例进行"库"的介绍，具体操作步骤如下。

（1）在桌面上双击"此电脑"图标，弹出资源管理器窗口，单击"计算机"选项卡，在快捷方式区域，右键单击"视频"库，在弹出的快捷菜单中单击"属性"选项，如图 5-58 所示。

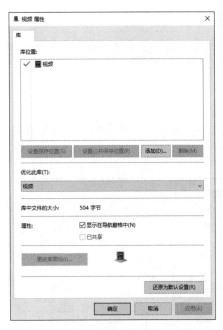

图 5-58

（2）在弹出的"视频属性"窗口中单击"添加"按钮，如图 5-59 所示。

图 5-59

（3）在弹出的对话框中，选择要加入的文件夹，然后单击"加入文件夹"按钮，返回
"视频属性"页面，单击"确定"按钮，完成添加。

（4）再去资源管理器的快捷方式区域查看，单击"视频"快捷方式，即可看见新添加
的文件夹已经在视频库里。

5.4.3 库的建立与删除

Windows 10 自带库的文件夹里面开始只有默认的几个库，用户可以根据实际需要自己定义新的库，具体操作步骤如下。

一、库新建

（1）在桌面双击"此电脑"图标，在弹出的"资源管理器"页面，在窗口左侧区域，右键单击"库"，在弹出窗口中选择"新建"-"库"，如图 5-60 所示。

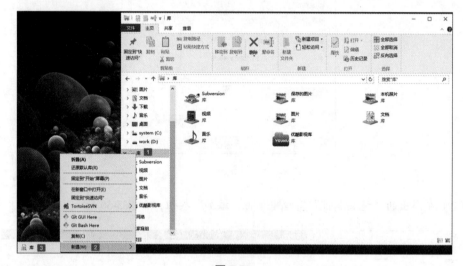

图 5-60

（2）输入库的名字，然后按 Enter 键，即可完成库的新建，如图 5-61 所示。

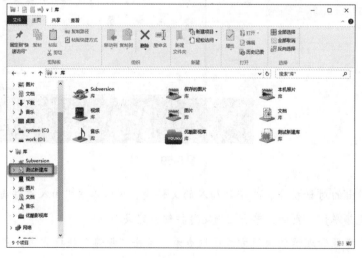

图 5-61

二、库删除

选中不需要的库，右键单击，在弹出的菜单中选择"删除"按钮，如图 5-62 所示，在弹出的"删除文件夹"窗口中，单击"是"，完成删除，如图 5-63 所示。

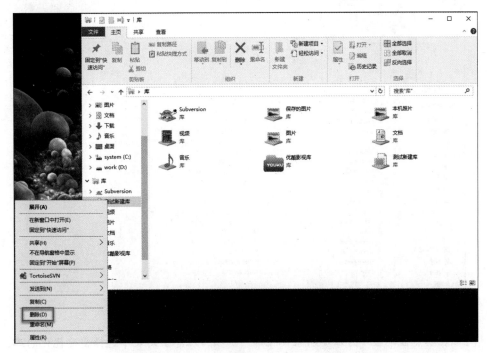

图 5-62

图 5-63

5.4.4 库的优化

计算机在使用一段时间之后，文件的碎片就会变得比较多，计算机就会变慢，这时就需要进行碎片的整理。库也一样，在使用一段时间后，需要进行优化，以提高操作效率，具体操作步骤如下。

（1）在桌面双击"此电脑"图标，弹出"资源管理器"窗口，在左侧快捷方式区域，任意单击一个库文件。此时窗口工具栏上出现"管理"标签页，如图 5-64 所示。

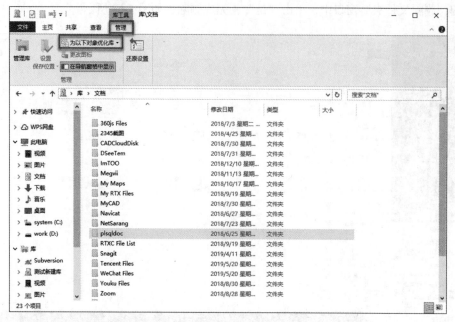

图 5-64

（2）在功能区单击"为以下对象优化库"选项，在弹出列表中选择需要优化的库，即可完成优化，如图 5-65 所示。

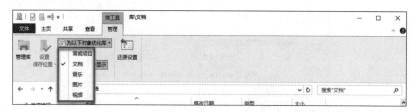

图 5-65

5.5　管理回收站

回收站是微软 Windows 操作系统里的一个系统文件夹，主要用来存放用户临时删除的文档资料、应用软件等一系列的东西，存放在回收站的文件可以恢复。用好、管理好回收站，打造富有个性功能的回收站，可以更加方便用户日常的文档维护工作。下面介绍回收站的基本使用。

5.5.1 还原文件

在日常使用计算机的过程中，如果用户不小心将文件删除到了回收站里面，还可以在回收站中将它们还原，具体操作步骤如下。

（1）鼠标左键双击桌面上的"回收站"图标，打开回收站窗口，如图 5-66 所示。

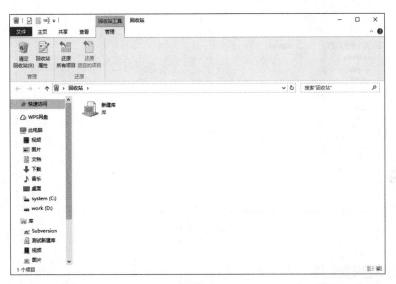

图 5-66

（2）选中需要还原的文件，右键单击，在弹出菜单中选择"还原"选项，如图 5-67 所示，即可完成资源的还原。

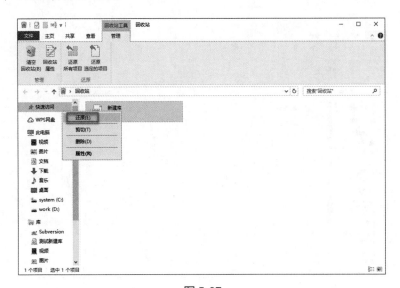

图 5-67

（3）如果单击"功能区"的"还原所有项目"选项，则该回收站内的所有内容都将被还原到原位置，如图 5-68 所示。

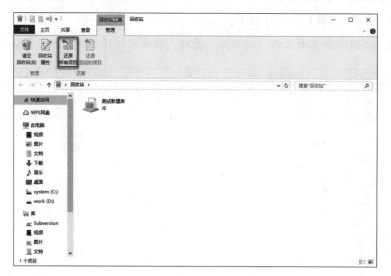

图 5-68

5.5.2 彻底删除文件

在日常使用计算机的过程中，多数在"回收站"中的文件是用户不再需要的，可以进行彻底删除。下面介绍如何彻底删除回收站中的内容，具体操作步骤如下。

（1）双击桌面"回收站"图标，打开"回收站"窗口，如图 5-69 所示。

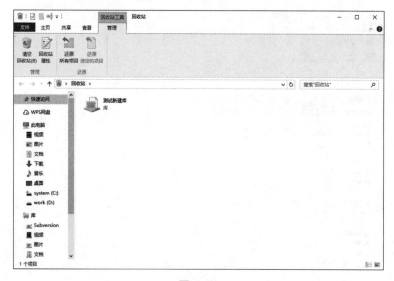

图 5-69

（2）选择需要彻底删除的资源，右键单击，在弹出窗口中选择"删除"选项，如图
5-70 所示，在弹出"删除"窗口中，单击"是"按钮，即可完成资源的彻底删除。

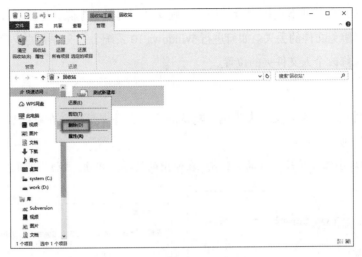

图 5-70

（3）如果在"功能区"单击"清空回收站"选项，如图 5-71 所示，则可以一次性删除"回
收站"中的所有资源。

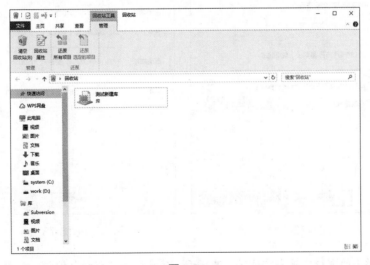

图 5-71

5.6 文件管理的其他适用操作

前面介绍了文件和文件夹基础操作和库的相关操作，下面介绍其他适用于文件管理的操作。

5.6.1　更改用户文件夹的保存位置

在 Windows 10 操作系统中，用户的文件夹默认保存在 C 盘里面，如果用户经常需要重新安装操作系统或者其他格式化 C 盘的操作，则文件很容易被删除。通过更改用户文件夹的保存位置，可以避免文件的丢失。如何进行 Windows 10 系统个人文件夹的位置的修改做呢？有两种方法可以修改个人文件夹的位置。

一、方法一

以个人文件夹内的音乐文件夹为例，默认的个人文件夹是建立在系统盘的 User 文件夹内的，如图 5-72 所示。

（1）右键单击需要更改位置的文件夹，在弹出的菜单中单击"属性"选项，如图 5-73 所示。

图 5-72

图 5-73

（2）在弹出的窗口中单击"位置"选项卡，然后单击"移动"按钮，如图 5-74 所示。

（3）在弹出的窗口中，选择要移动的文件夹，然后单击"选择文件夹"按钮，返回"位置"页面，如图 5-75 所示。

（4）单击"应用"按钮，弹出窗口如图 5-76 所示。

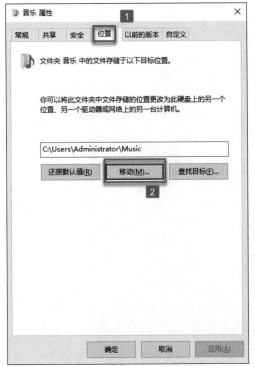

图 5-74

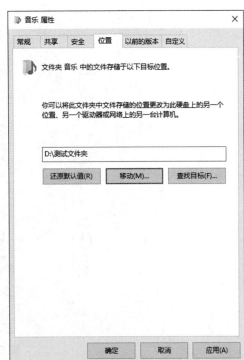

图 5-75

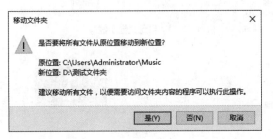

图 5-76

（5）单击"是"按钮，返回"位置"设置页面，单击"是"按钮，完成设置。

二、方法二

（1）单击任务栏左下角的"开始"图标■，然后单击"设置"，弹出窗口如图 5-77 所示。

（2）单击"系统"选项，弹出窗口如图 5-78 所示。

（3）单击"存储"选项，右侧窗口如图 5-79 所示，在"保存位置"区域可以设置各类型文件的保存位置。

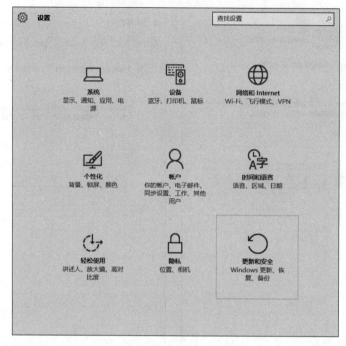

图 5-77

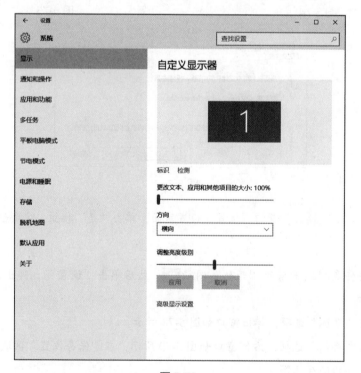

图 5-78

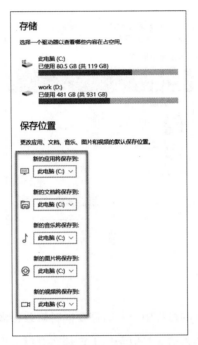

图 5-79

5.6.2 修改文件的默认打开方式

有时候计算机上的同类软件有很多，比如视频软件就有很多种，用户在安装视频软件的时候，软件会自动关联计算机内的所有视频文件，当以后用户打开视频文件的时候，系统会自动使用此软件安装。但有时候用户并不喜欢用这个软件打开，那么应该如何修改某个文件的默认打开方式呢？具体操作步骤如下。

（1）右键单击文件，在弹出的快捷菜单中单击"属性"，弹出窗口如图 5-80 所示。

（2）在"常规"选项卡中，单击"更改"按钮，弹出窗口如图 5-81 所示。

（3）在弹出窗口列表中，选择一种应用作为该文件的默认打开方式，单击"确定"按钮，完成设置。

图 5-80

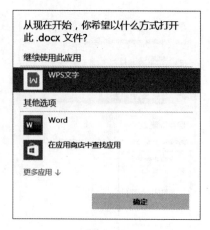

图 5-81

5.6.3 批量重命名文件

在日常操作计算机中文件的过程中，有时需要同时修改很多同类型文件的文件名情况，如果一个一个地重命名是个体力活，且效率低下，那么有没有批量重命名的方法呢？下面就介绍批量重命名文件名的方法，具体操作步骤如下。

（1）选择全部需要重命名的文件，然后单击资源管理区工具栏的"主页"标签项，单击"重命名"选项，如图 5-82 所示。

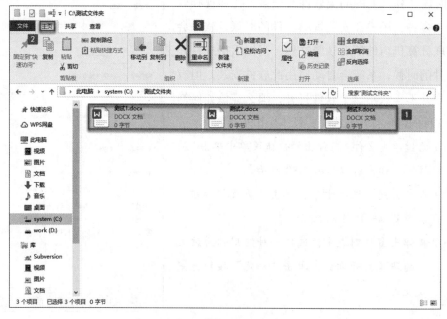

图 5-82

（2）输入重命名文件的名字，按 Enter 键，可以看见，所有文件均已被重命名，如图
  5-83 所示。

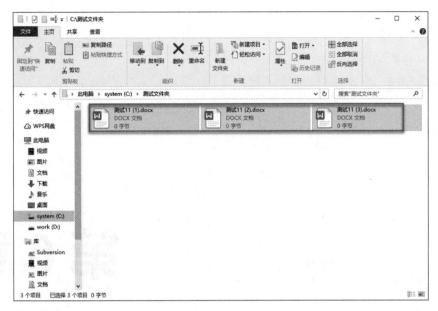

图 5-83

第 6 章

精通 Windows 10 文件系统

文件系统是 Windows 10 最核心的概念，之前介绍的文件和文件夹的管理和操作都是基于文件系统实现的，用户无须关心文件在操作系统中是如何存储的，只需要知道在文件系统中如何根据规则和方法来查找和操作文件即可。Windows 10 支持多种类型的文件系统，本章详细介绍有关文件系统的高级管理操作。

6.1 文件系统简介

文件系统是操作系统用于明确存储设备（常见的是磁盘，也有基于 NAND Flash 的固态硬盘）或分区上的文件的方法和数据结构，即在存储设备上组织文件的方法。操作系统中负责管理和存储文件信息的软件机构称为文件管理系统，简称文件系统。文件系统由文件系统的接口、对象操纵和管理的软件集合、对象及属性 3 部分组成。从系统角度来看，文件系统是对文件存储设备的空间进行组织和分配，负责文件存储并对存入的文件进行保护和检索的系统。具体地说，它负责为用户建立文件，存入、读出、修改、转储文件，控制文件的存取，当用户不再使用时撤销文件等。下面介绍几种在 Windows 10 操作系统中常用的文件系统。

6.1.1 FAT 文件系统

FAT 是 File Allocation Table 的简称，是微软在 DOS/Windows 系列操作系统中共使用的一种文件系统的总称。它几乎被所有的操作系统所支持。

FAT 文件系统又分为 3 种，分别是 FAT16、FAT32 和不太常见的 FAT12。

（1）FAT12。

这是伴随着 DOS 诞生的"老"文件系统了。它采用 12 位文件分配表，并因此而得名。以后的 FAT 系统都按照这样的方式在命名。在 DOS 3.0 以前使用，但是现在我们都还能找得到这个文件系统：用于软盘驱动器。当然，其他地方的确基本上不使用这个文件系统了。FAT12 可以管理的磁盘容量是 8MB。这在当时没有硬盘的情况下，这个磁盘管理能力是非常大的。

（2）FAT16。

在 DOS 2.0 的使用过程中，对更大的磁盘管理能力的需求已经出现了，所以在 DOS 3.0 中，微软推出了新的文件系统 FAT16。除了采用了 16 位字长的分区表之外，FAT16 和 FAT12 在其他地方非常的相似。实际上，随着字长增加 4 位，可以使用的簇的总数增加到了 65536。当总的簇数在 4096 之下的时候，应用的还是 FAT12 的分区表，当实际需要超过 4096 簇的时候，应用的是 FAT16 的分区表。刚推出的 FAT16 文件系统管理磁盘的能力实际上是 32MB。这在当时看来是足够大的。1987 年，硬盘的发展推动了文件系统的发展，DOS 4.0 之后的 FAT16 可以管理 128MB 的磁盘。然后这个数字不断地发展，一直到 2GB。在整整的 10 年中，2GB 的磁盘管理能力都是大大地多于了实际的需要。需要指出的是，在 Windows 95 系统中，采用了一种比较独特的技术，叫作 VFat 来解决长文件名等问题。

FAT16 分区格式存在严重的缺点：大容量磁盘利用效率低。在微软的 DOS 和 Windows

系列中，磁盘文件的分配以簇为单位，一个簇只分配给一个文件使用，不管这个文件占用整个簇容量的多少。这样，即使一个很小的文件也要占用一个簇，剩余的簇空间便全部闲置，造成磁盘空间的浪费。由于分区表容量的限制，FAT16 分区创建得越大，磁盘上每个簇的容量也越大，从而造成的浪费也越大。所以，为了解决这个问题，微软推出了一种全新的磁盘分区格式 FAT32，并在 Windows 95 OSR2 及以后的 Windows 版本中提供支持。

（3）FAT32。

FAT32 文件系统将是 FAT 系列文件系统的最后一个产品。与它的前辈一样，这种格式采用 32 位的文件分配表，磁盘的管理能力大大增强，突破了 FAT16 2GB 的分区容量的限制。由于现在的硬盘生产成本下降，容量越来越大，运用 FAT32 的分区格式后，我们可以将一个大硬盘定义成一个分区，这大大方便了对磁盘的管理。

FAT32 推出时，主流硬盘空间并不大，所以微软设计在一个不超过 8GB 的分区中，FAT32 分区格式的每个簇都固定为 4KB，与 FAT16 相比，大大减少了磁盘空间的浪费，这就提高了磁盘的利用率。

FAT16 和 FAT32 文件系统的优点是兼容性高，可以被绝大部分操作系统识别和使用。但是由于出现得比较早，它们也有很多不足的地方。

比如单文件最大的尺寸方面 FAT32 系统支持到 4GB，FAT16 系统只支持到 2GB，在高清视频逐渐普及的今天，单个视频的文件已经远远超出了 4GB 的容量。

FAT16 和 FAT32 文件系统都不支持对文件进行高级管理，比如加密、压缩存储、磁盘配额等。

6.1.2　NTFS 文件系统

为了解决 FAT16/FAT32 文件系统安全性差、容易产生碎片、难以恢复等缺点，微软在 Windows NT 操作系统和之后的基于 NT 内核的操作系统中使用了新的 NTFS 文件系统。Windows 10 中提供的高级文件管理功能都是基于 NTFS 文件系统实现的，如图 6-1 所示，这个磁盘使用的就是 NTFS 文件系统。

（1）NTFS 文件系统结构总览。

当用户将硬盘的一个分区格式化成 NTFS 分区时，就建立了一个 NTFS 文件系统结构。NTFS 文件系统与 FAT 文件系统一样，也是用簇作为基本单位对磁盘空间和文件存储进行管理的。一个文件总是占有若干个簇，即使在最后一个簇没有完全放满的情况下，也是占用了整个簇的空间，这也是造成磁盘空间浪费的主要原因。文件系统通过簇来进行磁盘管理，并不需要知道磁盘扇区的大小，这样就使 NTFS 保持了与磁盘扇区大小的独立性，从而使不同大小的磁盘选择合适的簇。

NTFS 分区也称为 NTFS 卷，卷上簇的大小，又称为卷因子，其大小是用户在创建 NTFS 卷时确定的。与 FAT 文件系统一样，卷因子的大小与文件系统的性能有着非常直接的关系。当一个簇占用的空间太小时，会出现太多的磁盘碎片，这在空间和文件访问时间上会造成浪费；相反地，当一个簇占用的空间太大时，直接造成了磁盘空间的浪费。因此，最大限度地优化系统对文件的访问速度和最大限度地减少磁盘空间的浪费，是确定簇的大小的主要因素。簇的大小一定是扇区大小的整数倍，通常是 2n（n 为整数）。

图 6-1

NTFS 文件系统使用了逻辑簇号（LCN）和虚拟簇号（VCN）对卷进行管理。其中 LCN 是对卷的第一个簇到最后一个簇进行编号，只要知道 LCN 号和簇的大小以及 NTFS 卷在物理磁盘中的起始扇区就可以对簇进行定位，而这些信息在NTFS 卷的引导扇区中可以找到，在系统底层也是用这种方法对文件的簇进行定位的。找到簇在磁盘中的物理位置的计算公式是：

每簇扇区数 × 簇号 + 卷的隐含扇区数（卷之前的扇区总数）= 簇的起始绝对扇区号

虚拟簇号则是将特定文件的簇从头到尾进行编号，这样做的原因是方便系统对文件中的数据进行引用，VCN 并不要求在物理上是连续的，要确定 VCN 在磁盘上的定位需先将其转换为 LCN。

NTFS 文件系统的主文件表中还记录了一些非常重要的系统数据，这些数据称为元数据文件，简称为"元文件"，其中包括了用于文件定位和恢复数据结构、引导程序数据及整个卷的分配位图等信息。NTFS 文件系统将这些数据都当作文件进行管理，这些文件用户是不能访问的，它们的文件名的第一个字符都是"$"，表示该文件是隐藏的。在 NTFS 文件系统中这样的文件主要有 16 个，包括 MFT 本身（$MFT）、MFT 镜像、日志文件、卷文件、属性定义表、根目录、位图文件、引导文件、坏簇文件、安全文件、大写文件、扩展元数据文件、重解析点文件、变更日志文件、配额管理文件、对象 ID 文件等，这 16 个元数据文件总是占据着 MFT 的前 16 项记录，在 16 项以后就是用户建立的文件和文件夹的记录。

每个文件记录在主文件表中占据的磁盘空间一般为 1KB，也就是两个扇区，NTFS 文件系统分配给主文件表的区域大约占据了磁盘空间的 12.5%，剩余的磁盘空间用来存放其他元文件和用户的文件。

（2）NTFS 文件系统的优点。

- 更安全的文件保障，提供文件加密，能够大大提高信息的安全性。
- 更好的磁盘压缩功能。
- 支持最大达 2TB 的大硬盘，并且随着磁盘容量的增大，NTFS 的性能不像 FAT 那样随之降低。
- 可以赋予单个文件和文件夹权限。对同一个文件或者文件夹为不同用户可以指定不同的权限。在 NTFS 文件系统中，可以为单个用户设置权限。
- NTFS 文件系统中设计的恢复能力无须用户在 NTFS 卷中运行磁盘修复程序。在系统崩溃事件中，NTFS 文件系统使用日志文件和复查点信息自动恢复文件系统的一致性。
- NTFS 文件夹的 B-Tree 结构使用户在访问较大文件夹中的文件时，速度甚至比访问卷中较小的文件夹中的文件还快。
- 可以在 NTFS 卷中压缩单个文件和文件夹。NTFS 系统的压缩机制可以让用户直接读写压缩文件，而不需要先使用解压软件将这些文件展开。
- 支持活动目录和域。这个特性可以帮助用户方便灵活地查看和控制网络资源。
- 支持稀疏文件。稀疏文件是应用程序生成的一种特殊文件，文件尺寸非常大，但实际上只需要很少的磁盘空间，也就是说，NTFS 只需要为这种文件实际写入的数据分配磁盘存储空间。
- 支持磁盘配额。磁盘配额可以管理和控制每个用户所能使用的最大磁盘空间。

6.1.3　exFAT 文件系统

NTFS 系统是针对机械硬盘设计的，对于闪存来说则不太实用。为了解决这个问题，出现了 exFAT 文件系统。exFAT（Extended File Allocation Table File System，扩展 FAT，也称作FAT64，即扩展文件分配表）是微软在 Windows Embeded 5.0 以上（包括 Windows CE 5.0、6.0、Windows Mobile 5、6、6.1）版本中引入的一种适合于闪存的文件系统，为了解决 FAT32 等不支持 4GB 及其更大的文件而推出的。

相对 FAT 文件系统，exFAT 有如下好处。

- 增强了台式计算机与移动设备的互操作能力。
- 单文件大小大大超过了 4GB 的限制，最大可达 16EB。
- 簇大小可高达 32MB。

- 采用了剩余空间分配表，剩余空间分配性能改进。
- 同一目录下最大文件数可达 2 796 202 个。
- 支持访问控制。
- 支持 Apple MAC 系统。

6.2 转换文件系统

使用 NTFS 文件系统，可以更好地管理磁盘及提高系统的安全性，当硬盘为 NTFS 格式时，碎片整理也快很多。当从旧的系统升级到新系统时，旧的磁盘格式可能为 FAT 格式，这时候可以用下面两种办法来把它转换成 NTFS 格式的文件系统。

一、通过格式化磁盘转换

如果磁盘中的数据不再需要或已经进行过备份，格式化是比较快捷的方式，具体操作步骤如下。

（1）右键单击要格式化的磁盘，在弹出的快捷菜单中单击"格式化"选项，如图 6-2 所示。

（2）在弹出的格式化窗口中，单击下拉列表，选择 NTFS 格式，然后单击"开始"按钮，如图 6-3 所示，等待格式化完成即可。

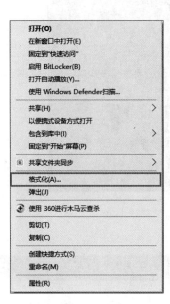

图 6-2

图 6-3

二、通过 Convert 命令转换

如果磁盘上内容很多，而且不希望格式化，可以使用 Windows 10 自带的 Convert 命令来进行格式的转换。Convert 命令只能将 FAT 格式转换为 NTFS 格式，但是不能反向转换，具体操作方法如下。

（1）同时按键盘上的 $\boxed{\text{Win}}$ + $\boxed{\text{R}}$ 组合键，在弹出的运行窗口中，输入 cmd，然后按 $\boxed{\text{Enter}}$ 键，如图 6-4 所示。

图 6-4

（2）以 I 盘为例来进行说明。在弹出的窗口中，输入 "Convert I: /fs:ntfs"，然后按 $\boxed{\text{Enter}}$ 键，等待命令完成即可，如图 6-5 所示。

图 6-5

6.3　设置文件访问权限

如果使用的计算机内有比较重要的文件，只能特定的人才可以查看，那么应该如何保护

它不被其他用户查看呢？设置对文件的访问权限以及访问级别，可以防止计算机中的其他用户查看或修改重要的文件内容，从而保护计算机中资源。

6.3.1 什么是权限

权限是指访问计算机中的文件或文件夹及共享资源的协议，权限确定是否可以访问某个对象，以及对该对象可执行的操作范围。

6.3.2 NTFS 权限

NTFS 权限其实就是访问控制列表的内容。NTFS 分区通过为每个文件和文件夹设定访问控制列表的方法来控制相关的权限。访问控制列表中包括可以访问该文件或文件夹的用户账户、用户组和访问类型。在访问控制列表中，每个用户账户或者用户组都对应一组访问控制项。访问控制项用来存储用户账户或者用户组的访问类型。

当用户访问文件或文件夹时，NTFS 文件系统会首先检查该用户的账户或者所属的用户组是否存在于此文件或文件夹的访问控制列表中。如果存在列表中，则进一步检查访问类型来确定用户访问权限。如果用户不在访问控制列表中，则直接拒绝用户访问此文件或文件夹。

6.3.3 Windows 用户账户和用户组

大部分人提起 Windows 用户账户会想到登录系统时所需要输入密码的那个用户。Windows 10 中还有许多用于系统管理的账户，下面详细介绍。

Windows 10 包含 3 种默认的内置用户，如图 6-6 所示。

图 6-6

- Administrator 账户：超级管理员账户，默认情况下是禁用的。该账户拥有最多的权限，包括以管理员身份运行任何程序、完全控制计算机、访问计算机上的任何数据以及更改计算机的设置。由于该账户权限过高，如果开启后被其他用户盗用，进行破坏操作后，可能造成系统崩溃，所以不建议启用此账户。

- DefaultAccount 账户：系统管理的用户账户，是微软为了防止 OOBE 出现问题而准备的。

- Guest 账户：来宾账户，适合在公用计算机上为客人准备的账户。此账户受限制较多，不能更改计算机的设置。

Windows 10 包含十几种内置的用户组，如图 6-7 所示，下面介绍最常用到的几种。

图 6-7

- Administrators 用户组：Administrators 组的成员就是系统管理员，如果将用户加入到这个用户组中，用户就会拥有管理员权限。

- Users 用户组：所有的用户账户都属于 Users 组，通常使用 Users 组对用户的权限设置进行分配。

- Homeusers 用户组：Homeusers 用户组成员包括所有的家庭组账户。

- Authenticated 用户组：这个用户组包括在计算机或者域中所有通过身份验证的账户，但不包括来宾用户。

- Everyone 用户组：所有用户的集合。

6.3.4 权限配置原则

在 Windows 10 中，针对权限的管理原则有拒绝优于允许原则、权限最小化原则、权限继承性原则和累加原则 4 项。这 4 项原则对于权限的设置来说，可以起到非常重要的作用。

一、拒绝优于允许原则

"拒绝优于允许"原则是一条非常重要且基础性的原则，它可以非常完美地处理好因用户在用户组的归属方面引起的权限"纠纷"。例如，"test"这个用户既属于"a"用户组，也属于"b"用户组，当对"b"组中某个资源进行"写入"权限的集中分配，即针对用户组进行）时，该组中的"test"账户将自动拥有"写入"的权限。

但令人奇怪的是，"test"账户明明拥有对这个资源的"写入"权限，为什么实际操作中却无法执行呢？原来，在"a"组中同样也对"test"用户进行了针对这个资源的权限设置，但设置的权限是"拒绝写入"。基于"拒绝优于允许"的原则，"test"在"a"组中被"拒绝写入"的权限将优先于"b"组中被赋予的允许"写入"权限被执行，因此，在实际操作中，"test"用户无法对这个资源进行"写入"操作。

二、权限最小化原则

Windows 将"保持用户最小的权限"作为一个基本原则执行，这一点是非常有必要的，这条原则可以确保资源得到最大的安全保障，可以尽量让用户不能访问或不必要访问的资源得到有效的权限赋予限制。

基于这条原则，在实际的权限赋予操作中，就必须为资源明确赋予允许或拒绝操作的权限。例如，系统中新建的受限用户"test"，在默认状态下对"DOC"目录是没有任何权限的，现在需要为这个用户赋予对"DOC"目录有"读取"的权限，那么就必须在"DOC"目录的权限列表中为"test"用户添加"读取"权限。

三、权限继承性原则

权限继承性原则可以让资源的权限设置变得更加简单。假设有个"DOC"目录，在这个目录中有"DOC01""DOC02""DOC03"等子目录，现在需要对 DOC 目录及其下的子目录均设置"test"用户有"写入"权限，因为有继承性原则，所以只需对"DOC"目录设置"test"用户有"写入"权限，其下的所有子目录将自动继承这个权限的设置。

四、累加原则

这个原则比较好理解，假设"test"用户既属于"A"用户组，也属于"B"用户组，它在"A"用户组的权限是"读取"，在"B"用户组中的权限是"写入"，那么根据累加原则，"test"用户的实际权限将会是"读取＋写入"两种。

显然，"拒绝优于允许"原则是用于解决权限设置上的冲突问题的，"权限最小化"原则是用于保障资源安全的，"权限继承性"原则是用于"自动化"执行权限设置的，"累加原则"则是让权限的设置更加灵活多变。几个原则各有所用，缺少哪一项都会给权限的设置带来很多麻烦。

提示： 在 Windows 10 中，"Administrators"组的全部成员都拥有"取得所有者身份"（Take Ownership）的权力，也就是管理员组的成员可以从其他用户手中"夺取"其身份的权力。例如，受限用户"test"建立了一个 DOC 目录，并只赋予自己拥有读取权力，这看似周到的权限设置，实际上"Administrators"组的全部成员将可以通过"夺取所有权"等方法获得这个权限。

6.3.5 文件权限的获取

经常看到有人问文件删不掉怎么办。其实 Windows 系统中文件删不掉的主要原因有两个：一是文件正在使用中或者已经被打开，二是用户没有权限。对于第一种原因，解决办法就是关闭正在使用或已经打开的文件，之后就可以正常删除了。由于第二种原因导致无法删除的文件或文件夹，我们只要获得此文件（或文件夹）的最高权限即可删除，具体操作步骤如下。

（1）右键单击要删除的文件或文件夹，在弹出的快捷菜单中单击"属性"，然后单击"安全"选项卡，如图 6-8 所示。

图 6-8

（2）单击"高级"按钮，弹出窗口如图 6-9 所示。

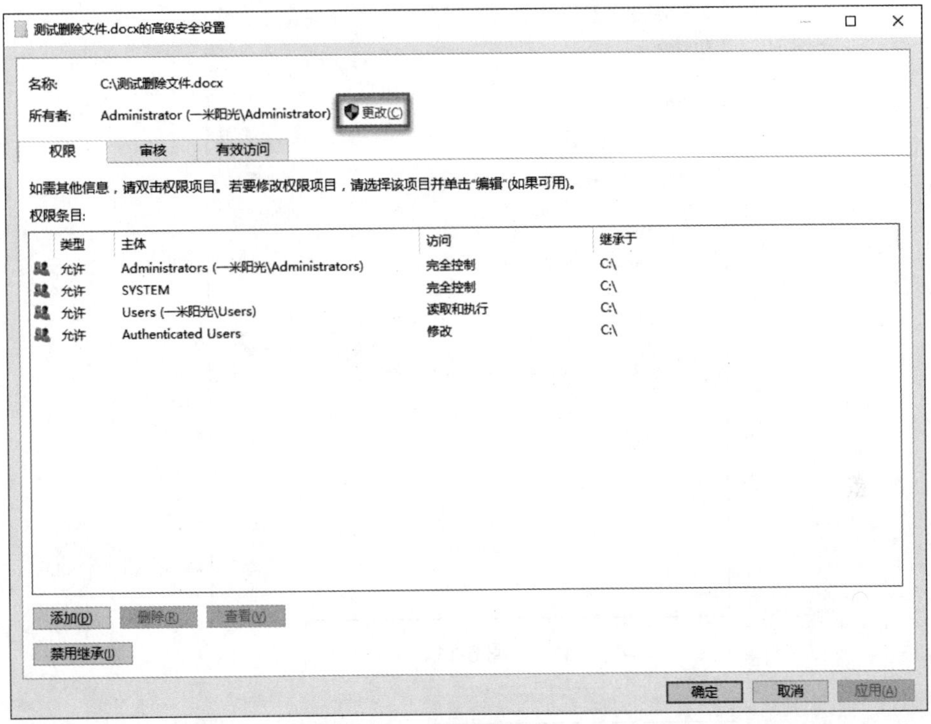

图 6-9

（3）在弹出的对话框中，单击"更改"按钮，弹出窗口如图 6-10 所示。

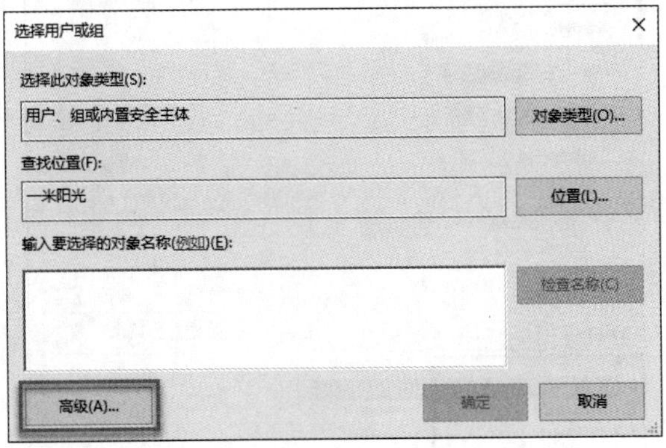

图 6-10

（4）单击"高级"按钮，弹出对话框如图 6-11 所示。

（5）单击"立即查找"按钮，如图 6-12 所示，在搜索结果内选择要更换的账户，然后
    单击"确定"按钮，完成设置。

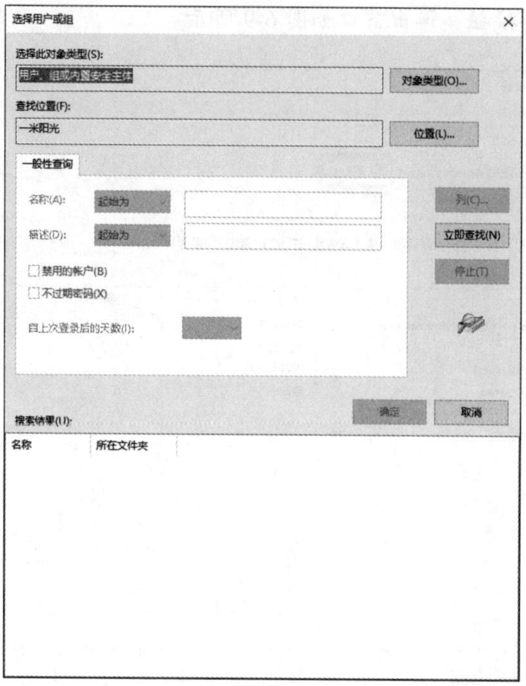
选择用户或组
选择此对象类型(S):
用户、组或内置安全主体
对象类型(O)...
查找位置(F):
一米阳光
位置(L)...
一般性查询
名称(A):
起始为
描述(D):
起始为
列(C)...
立即查找(N)
停止(T)
禁用的帐户(B)
不过期密码(X)
自上次登录后的天数(I):
确定
取消
搜索结果(U):
名称
所在文件夹

图 6-11

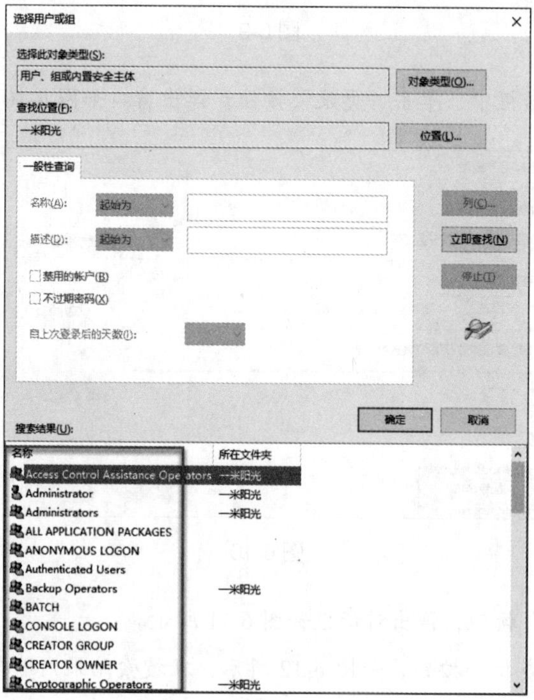
选择用户或组
选择此对象类型(S):
用户、组或内置安全主体
对象类型(O)...
查找位置(F):
一米阳光
位置(L)...
一般性查询
名称(A):
起始为
描述(D):
起始为
列(C)...
立即查找(N)
停止(T)
禁用的帐户(B)
不过期密码(X)
自上次登录后的天数(I):
确定
取消
搜索结果(U):
名称
所在文件夹
Access Control Assistance Operators 一米阳光
Administrator 一米阳光
Administrators 一米阳光
ALL APPLICATION PACKAGES
ANONYMOUS LOGON
Authenticated Users
Backup Operators 一米阳光
BATCH
CONSOLE LOGON
CREATOR GROUP
CREATOR OWNER
Cryptographic Operators 一米阳光

图 6-12

（6）在返回的对话框中单击"确定"按钮，如图 6-13 所示。

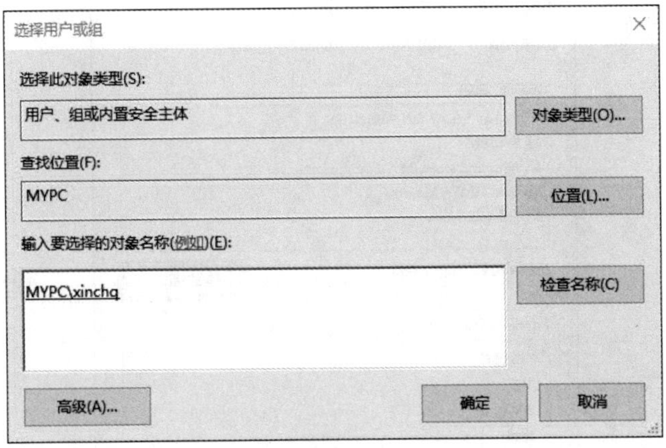

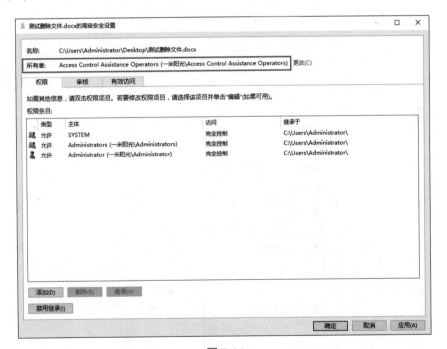

图 6-13

（7）单击"确定"按钮，返回上一步，如图 6-14 所示。

图 6-14

（8）在返回的对话框中单击"编辑"按钮，为添加的用户赋予删除权限，如图 6-15 所示。

（9）在弹出的对话框中单击选中要修改权限的账户，然后勾选下方的允许权限，如图 6-16 所示。

图 6-15

图 6-16

这时候就已经取得文件的完全控制权了，可以进行删除文件操作。

6.3.6 恢复原有权限配置

如果 Windows 下的文件夹或文件的权限被设置乱了，连用户自己都不知道哪些文件有特殊权限，这时可以通过 Windows 自带的 icacls 命令来恢复其默认的权限设置。以第 6.3.5 小节中修改的文件的权限为例，具体操作步骤如下。

图 6-17

（1）同时按键盘上的 Win + R 组合键，弹出的对话框如图 6-17 所示。

（2）输入 cmd 并按 Enter 键，进入命令提示符，输入 icacls "c:\Windows\System32\dfrgui.exe" /reset，如图 6-18 所示，然后等待系统操作完成即可。

图 6-18

6.3.7 设置文件权限

设置对文件的访问权限以及访问级别，可以防止计算机中的其他用户查看或修改重要的文件内容，从而保护计算机中资源，具体操作步骤如下。

（1）右键单击要设置权限的文件或文件夹，在弹出的快捷菜单中单击"属性"，弹出窗口如图 6-19 所示。

（2）在弹出的窗口中，单击"安全"选项卡，如图 6-20 所示。

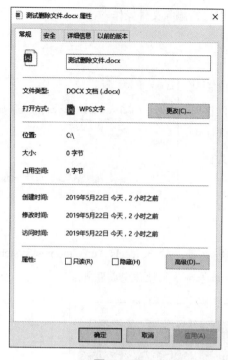

图 6-19

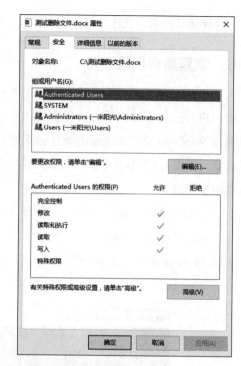

图 6-20

（3）单击"编辑"按钮，弹出窗口如图 6-21 所示。

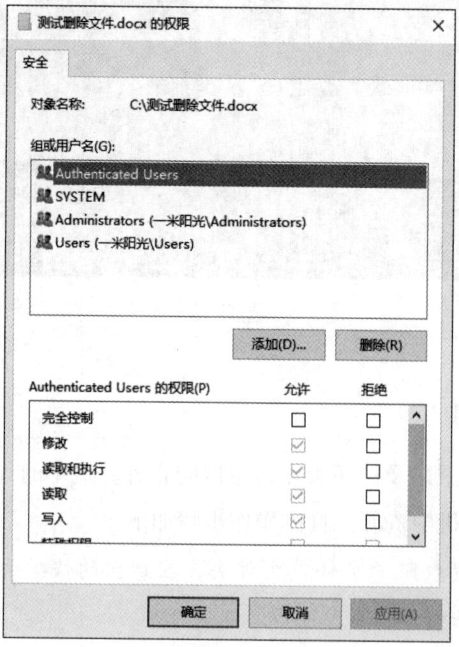

图 6-21

（4）在弹出的窗口中，在"组或用户名"区域选择需要编辑的用户，在下方权限编辑
区域勾选相应的权限单选框，进行权限的设置。

6.3.8 设置文件的高级权限

第 6.3.7 小节中关于文件权限的设置，只能操作基本的 6 种权限，如果要设置更为复杂
的权限，则可以使用高级权限设置，具体操作步骤如下。

（1）右键单击需要设置权限的文件或文件夹，在弹出的窗口中选择"属性"选项，如
图 6-22 所示。

（2）单击"安全"选项卡，如图 6-23 所示。

图 6-22

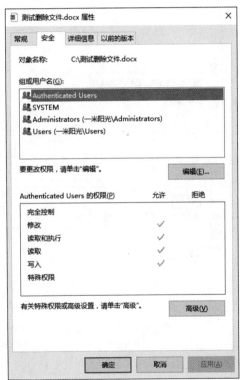

图 6-23

（3）单击"高级"按钮，弹出窗口如图 6-24 所示。

（4）单击"添加"按钮，弹出窗口如图 6-25 所示。

（5）单击"选择主体"选项，弹出窗口如图 6-26 所示。

（6）单击"高级"按钮，弹出窗口如图 6-27 所示。

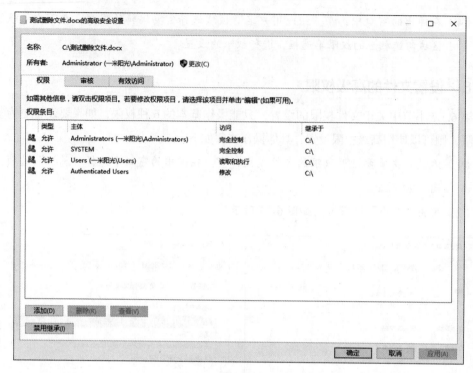

图 6-24

图 6-25

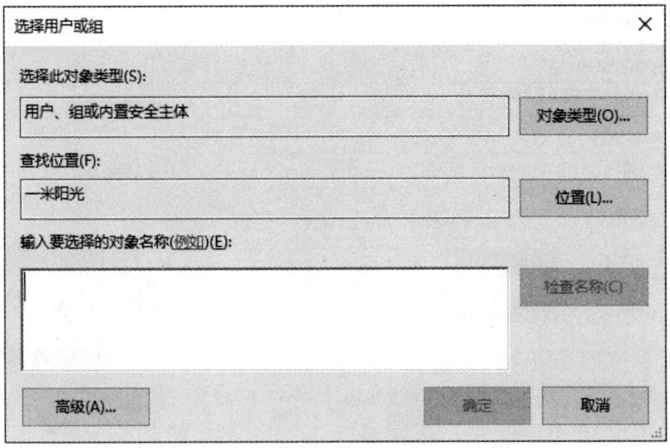

图 6-26

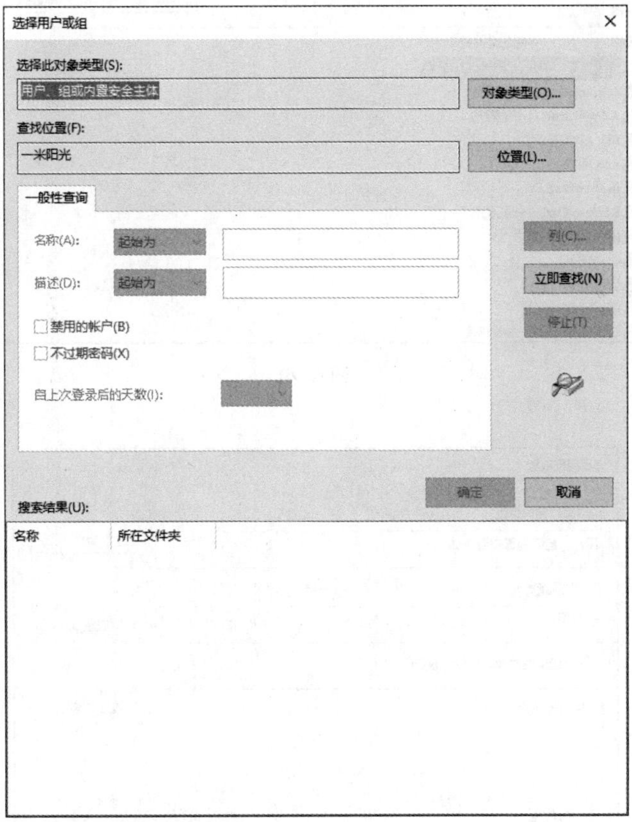

图 6-27

（7）单击"立即查找"按钮，在搜索结果中，选择需要设置权限的用户，如图 6-28 所示，单击"确定"按钮，返回上一级页面，如图 6-29 所示。

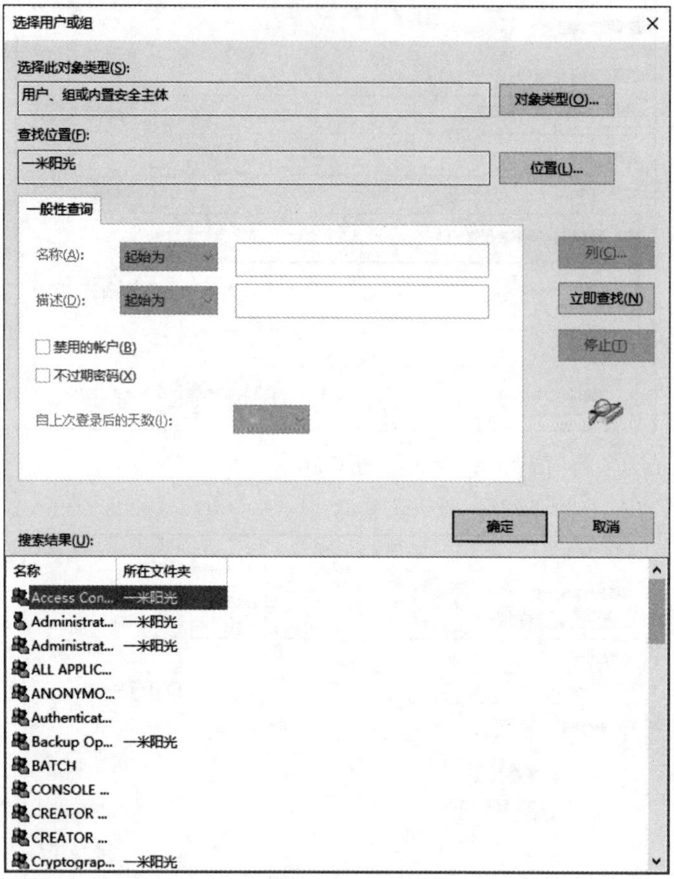

图 6-28

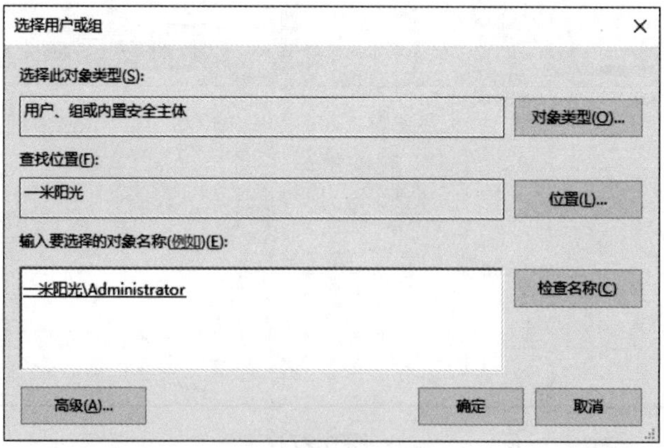

图 6-29

（8）单击"确定"按钮，返回页面如图 6-30 所示。

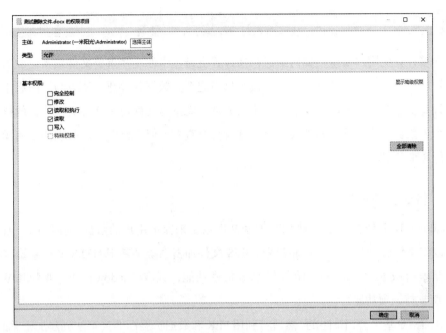

图 6-30

（9）单击"显示高级权限"选项，弹出窗口如图 6-31 所示。

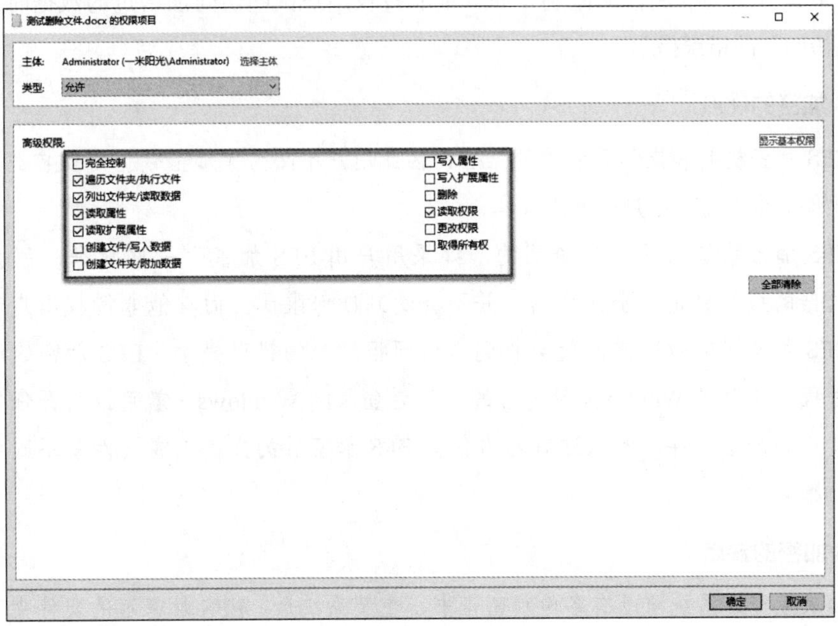

图 6-31

（10）勾选需要修改的权限单选框后，单击"确定"按钮，完成设置。

6.4 文件加密系统 EFS

对很多计算机用户来说，如何给保存在计算机磁盘中的一些重要文件加密已成为急需了解的常识。由于复杂的计算机使用环境极容易引起个人数据的外泄，所以为了防患于未然，每一名计算机用户都应该能够有效保护个人数据。无论是文件还是文件夹，加密的核心都在于保护个人数据安全，不让其他人未经允许就打开查看。但是要做到这一点该如何操作呢？下面进行详细介绍。

6.4.1 什么是 EFS

Windows 10 系统提供了一种 EFS 加密文件系统来保护用户的数据，使用这个加密文件系统可以将文件进行加密然后存储起来。EFS 文件加密系统是基于 NTFS 文件系统实现的，而且不是所有版本的 Windows 10 提供 EFS 加密功能，只有 Windows 10 专业版和 Windows 10 企业版支持该项功能。

EFS 加密是基于公钥策略的，然后将利用 FEK 和数据扩展标准 X 算法创建加密后的文件，如果用户登录到了域环境中，密钥的生成依赖于域控制器，否则它就依赖于本地机器。

EFS 加密解密都是透明完成，如果用户加密了一些数据，那么其对这些数据的访问将是完全允许的，并不会受到任何限制，而其他非授权用户试图访问加密过的数据时，就会收到"拒绝访问"的错误提示。

一、EFS 加密的优点

- EFS 加密机制和操作系统紧密结合，因此用户不必为了加密数据而安装额外的加密软件，这节约了用户的使用成本。

- EFS 加密系统对用户是透明的，如果用户用 EFS 加密了一些数据，那么对这些数据的访问将是完全允许的，并不会受到任何限制。而其他非授权用户试图访问 EFS 加密过的数据时，就会收到"访问拒绝"的错误提示。EFS 加密的用户验证过程是在登录 Windows 时进行的，只要登录到 Windows，就可以打开任何一个被授权的加密文件，所以这就是为什么 EFS 加密后的文件夹或文件看不到加密效果的原因。

二、EFS 加密的缺点

- 如果在重装系统前没有备份加密证书，重装系统后，EFS 加密过的文件夹里的文件将无法打开。

- 如果证书丢失，EFS 加密的文件夹里的文件也将无法打开。

- 如果系统出现错误，即使有加密证书，经过 EFS 加密的文件夹里的文件打开后可能会出现乱码的情况。

6.4.2 加密与解密文件

下面介绍如何使用 EFS 对文件进行加密和解密操作，具体操作步骤如下。

一、文件加密

（1）右键单击需要加密的文件或文件夹，在弹出的快捷菜单中单击"属性"，弹出窗口如图 6-32 所示。

（2）单击"高级"按钮，如图 6-33 所示。

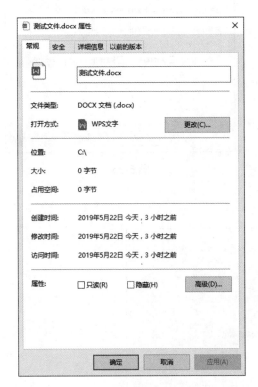

图 6-32

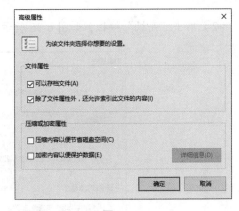

图 6-33

（3）勾选"加密内容以便保护数据"单选框，如图 6-34 所示，单击"确定"按钮，完成设置。

二、文件解密

（1）右键单击需要解密的文件或文件夹，在弹出的快捷菜单中单击"属性"，弹出窗口如图 6-35 所示。

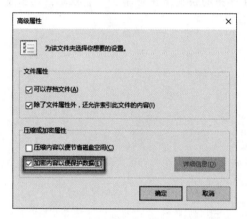

图 6-34

图 6-35

（2）单击"高级"按钮，如图 6-36 所示。

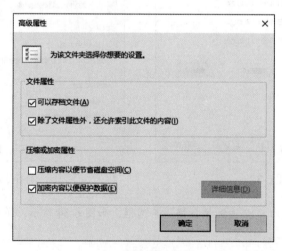

图 6-36

（3）将"加密内容以便保护数据"单选框勾选掉，如图 6-37 所示，单击"确定"按钮，
　　完成设置。

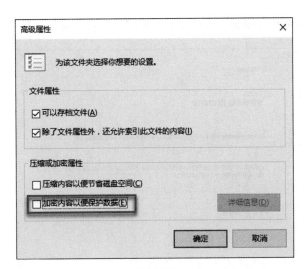

图 6-37

6.4.3 EFS 证书的导出与导入

文件加密后如果其他用户希望查看文件或者需要在其他计算机上查看文件，用户可以导出含有密钥的证书。此外，如果用户重新安装了操作系统，则必须使用含有密钥的证书才可以打开原来的文件。因此建议在加密文件后，应该第一时间备份文件的加密证书和密钥。

一、证书的导出

（1）第一次使用 EFS 加密文件后，Windows 会提示用户备份文件加密证书和密钥，如图 6-38 所示。

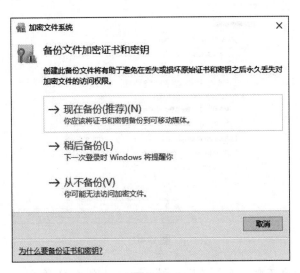

图 6-38

（2）单击"现在备份（推荐）"选项，弹出"证书导出向导"窗口，如图 6-39 所示。

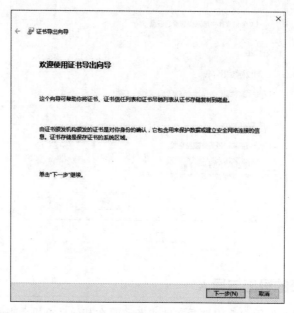

图 6-39

（3）单击"下一步"按钮，弹出窗口如图 6-40 所示。

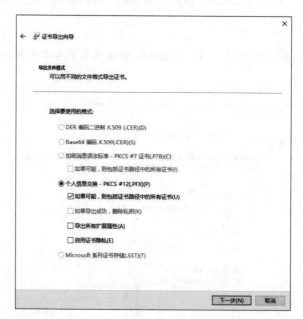

图 6-40

（4）保持默认选项不变，单击"下一步"按钮，如图 6-41 所示。

图 6-41

（5）在导出证书的安全设置窗口中，为导出的证书设置密码，然后单击"下一步"按钮。如图 6-42 所示。

图 6-42

（6）在弹出的窗口中，单击右侧的"浏览"按钮，选择要保存证书的位置，然后单击"下一步"按钮，如图 6-43 所示。

图 6-43

（7）在弹出的窗口中，显示了导出证书的信息，单击"完成"按钮，完成证书的导出，如图 6-44 所示。

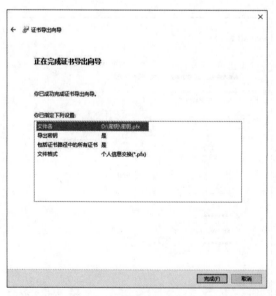

图 6-44

二、证书的导入

当其他用户需要打开加密文件或者我们需要在其他计算机上打开加密的文件时，需要先将证书导入，才能够进行正常查看，具体操作步骤如下。

（1）双击要导入的证书文件，弹出"证书导入向导"对话框，选择要存储的位置，如图
6-45 所示。存储位置为"当前用户"时，只有当前用户可以使用密钥打开文件；当
存储位置为"本地计算机"时，本地计算机上的所有用户都可以使用密钥打开文件。

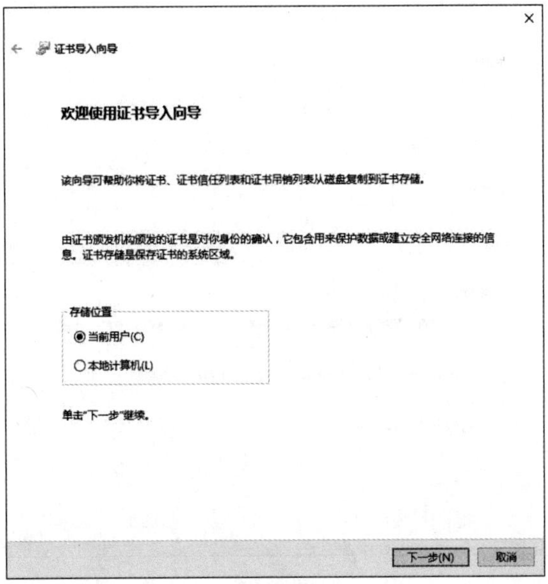

图 6-45

（2）单击"下一步"按钮，如图 6-46 所示，单击"浏览"按钮，此时可以选择单个证
书导入或者整个文件夹证书的导入。

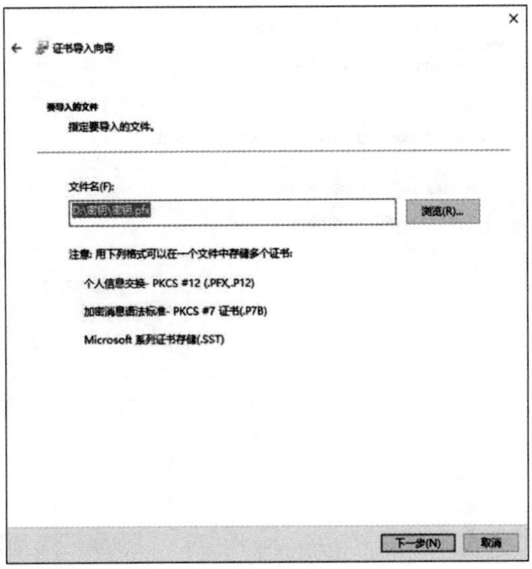

图 6-46

（3）单击"下一步"按钮，在弹出的窗口中，输入此密钥的密码，然后勾选要导入的选项，
如图 6-47 所示。

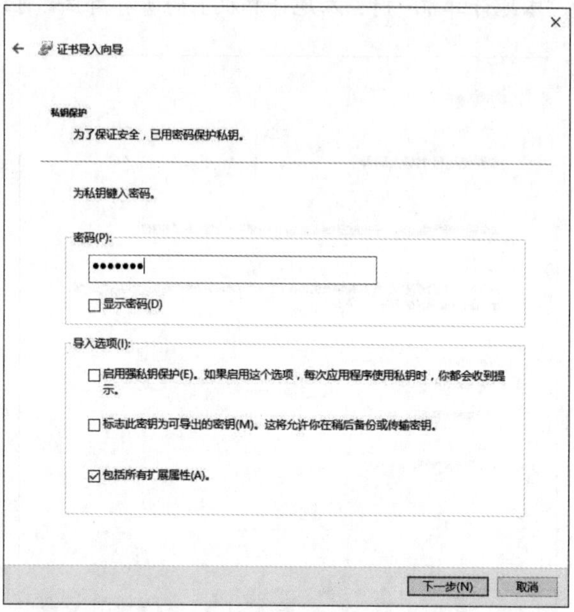

图 6-47

（4）单击"下一步"按钮，选择证书存储的位置，保持默认即可，如图 6-48 所示。

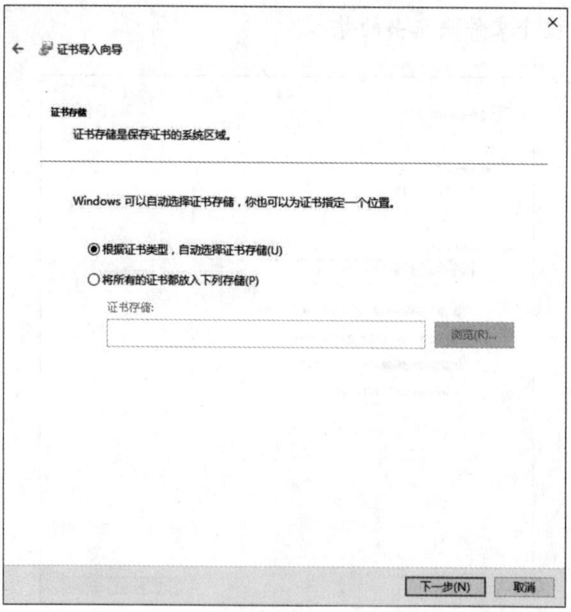

图 6-48

（5）单击"下一步"按钮，如图 6-49 所示。

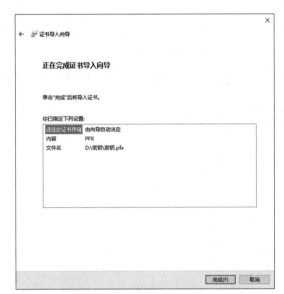

图 6-49

（6）单击"完成"按钮，完成设置。

6.4.4　如何停用 EFS

在 Windows 10 专业版和 Windows 10 企业版中，
EFS 加密功能是默认启用的，如果不希望启用此功能，
可以关闭 EFS 加密功能，具体操作步骤如下。

（1）鼠标左键单击任务栏左下角的开始菜单▦，
　　　然后输入文字"本地安全策略"，单击搜索结
　　　果中的"本地安全策略"，打开组策略管理器，
　　　如图 6-50 所示。

（2）在弹出的"本地安全策略"窗口中，展开"公
　　　钥策略"栏，选中"加密文件系统"文件夹，
　　　右键单击此文件夹，然后在弹出的快捷菜单
　　　中单击"属性"选项，如图 6-51 所示。

（3）在弹出的窗口中，在"使用加密文件系统
　　　（EFS）的文件加密"选项中选择"不允许"，
　　　单击"确定"按钮，如图 6-52 所示。

图 6-50

图 6-51

图 6-52

6.5　文件压缩

随着使用时间的增加，计算机的磁盘空间会越来越满，为了清理空间，用户一般会使用压缩软件来压缩一些文件以节约磁盘空间。NTFS 文件系统也提供了一种基于操作系统层级的压缩功能，下面进行具体介绍。

6.5.1　文件压缩概述

NTFS 的压缩作为 NTFS 的优秀特性之一，不仅能节约硬盘空间，而且能大幅度提升读取性能。压缩提升的性能与压缩比例有关，最高能实现 50% 的提升，因为压缩后的文件排放位置得到优化，体积减小，所以读取更快。

NTFS 压缩文件使用多种 LZ77 算法，在 4KB 的簇大小下，文件将以 64KB 为区块大小进行压缩。如果压缩后区块尺寸从 64KB 减小到 60KB 或者更小，则 NTFS 就认为多余的 4KB 是空白的稀疏文件簇，也即认为它们没有内容，因此，这种模式将会有效地提升随机访问的速度，但是在随机写入的时候，大文件可能会被分区成非常多的小片段，片段之间会有许多很小的空隙。

压缩文件最适合用于很少写入、平常顺序访问、本身没有被压缩的文件。压缩小于 4KB 或本身已经被压缩过（如 .zip、.jpg、.avi 格式）的文件可能会导致文件比原来更大并且显著降低访问速度，应该尽量避免压缩可执行文件，如 .exe 和 .dll 文件，因为它们内部可能也会使用 4KB 的大小对内容进行分页。不要压缩引导系统时需要的系统文件，如驱动程序或 NTDLR、winload.exe、BOOTMGR 文件。

压缩高压缩比的文件，如 HTML 或文本文件，可能会增加对它们的访问速度，因为解压缩所需的时间要小于读取完整数据所花费的时间。

通常情况下对于文件的读写是透明的，但并非所有情况下都始终如此，微软建议避免在保存远程配置文件的服务器系统或网络共享位置上使用压缩，因为这会显著地增加处理器的负担。

硬盘空间受限的单用户操作系统可以有效地利用 NTFS 压缩。由于在计算机中速度最慢的访问不是 CPU 而是硬盘，因此 NTFS 压缩可以同时提高受限制的、慢速储存空间的空间和速度利用率。

当某个程序（如下载管理器）无法创建没有内容的稀疏文件时，NTFS 压缩也可以作为稀疏文件的替代实现方式。

压缩是把双刃剑，如何选择合适的内容区进行压缩，微软文档认为，NTFS 更适用于客户端，比如经常读、写入较少的文件，不适合频繁写入的应用，比如服务器，因为会增加

CPU 负担，对于服务器这种 CPU 饥渴性应用，还是不要为好。

6.5.2 文件压缩的启用与关闭

在 Windows 10 中如何打开和关闭 NTFS 文件压缩功能呢？下面进行详细介绍，具体操作步骤如下。

一、文件压缩启用

（1）右键单击文件或文件夹，在弹出的快捷菜单上单击"属性"选项，如图 6-53 所示。

（2）单击"高级"按钮，弹窗如图 6-54 所示。

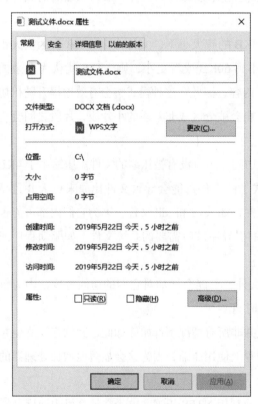

图 6-53

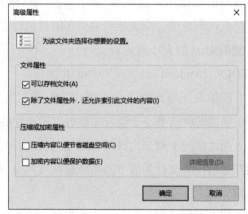

图 6-54

（3）在弹出的"高级属性"窗口中，勾选"压缩内容以便节省磁盘空间"单选框，表示启用 NTFS 文件压缩功能，如图 6-55 所示。

（4）单击"确定"按钮，完成设置。

二、文件压缩关闭

（1）右键单击文件或文件夹，在弹出的快捷菜单上单击"属性"选项，如图 6-56 所示。

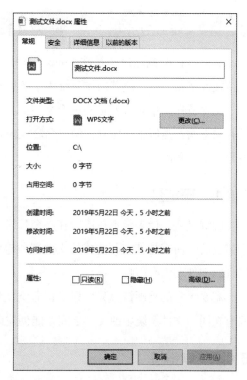

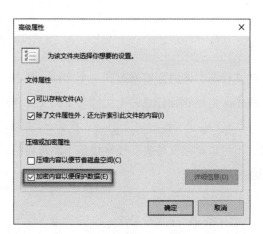

图 6-55

图 6-56

（2）单击"高级"按钮，弹出窗口如图 6-57 所示。

（3）在弹出的"高级属性"窗口中，勾选掉"压缩内容以便节省磁盘空间"单选框，
表示关闭 NTFS 文件压缩功能，如图 6-58 所示。

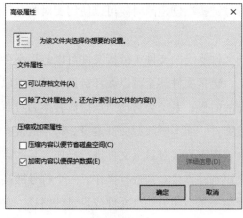

图 6-57

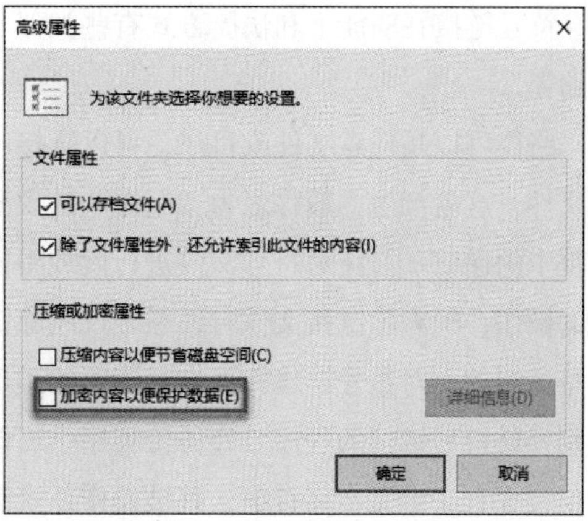

图 6-58

（4）单击"确定"按钮，完成设置。

6.6　文件链接

文件链接的概念最初是在 Linux 操作系统上提出的。自 Windows 2000 开始，微软部分支持文件链接功能。随着操作系统版本的更新，对文件链接的支持越来越完善。

文件链接简单来说就是同一个文件或目录，可以用多个路径来表示，而不需要占用额外的存储空间，类似于快捷方式的概念。Windows 10 中的文件链接功能包含硬链接、软链接、符号链接 3 种方式。

6.6.1　硬链接

硬链接就是让多个不在或同在一个目录下的文件名，同时能够修改同一个文件，其中一个修改后，所有与其有硬链接的文件都一起修改了。但是删除任意一个文件名下的文件，对另外的文件名没有影响。

需要注意的是硬链接只可以链接非空文件，不可以链接文件夹。硬链接是不能跨卷的，只有在同一文件系统中的文件之间才能创建硬链接。

6.6.2　软链接

软链接也被称作联接。软链接文件只是其源文件的一个标记，当删除了源文件后，链接文件不能独立存在，虽然仍保留文件名，但却不能查看软链接文件的内容了。删除软链接也不会影响源文件。

6.6.3　符号链接

符号链接在功能上和快捷方式有些类似。符号链接在创建的时候可以使用相对路径和绝对路径。

路径可以是任意文件或目录，可以链接不同文件系统的文件（链接文件可以链接不存在的文件，这就产生一般称之为"断链"的现象），链接文件甚至可以循环链接自己（类似于编程中的递归）。在对符号文件进行读或写操作的时候，系统会自动把该操作转换为对源文件的操作，但删除链接文件时，系统仅删除链接文件，而不删除源文件本身。符号链接的操作是透明的：对符号链接文件进行读写的程序会表现得直接对目标文件进行操作。某些需要特别处理符号链接的程序（如备份程序）可能会识别并直接对其进行操作。一个符号链接文件仅包含有一个文本字符串，其被操作系统解释为一条指向另一个文件或目录的路径。它是一个独立文件，其存在并不依赖于目标文件。如果删除一个符号链接，它指向的目标文件不受影响。如果目标文件被移动、重命名或删除，任何指向它的符号链接仍然存在，但是它们将会指向一个不复存在的文件。这种情况有时称为被遗弃。

第 7 章

软硬件的添加、管理和删除

用户在使用计算机的过程中，会产生各种各样的需求，这些需求如果靠当前的软件或硬件不能完成时，就需要对软件和硬件进行添加和管理；如果有些软件或硬件不再使用，为了节约计算机资源，需要对它们进行删除。本章针对计算机的软件和硬件管理进行详细介绍。

7.1 软件的安装

在使用计算机的过程中，用户经常会接触到各种类型的软件，计算机系统会自带一些软件，但是这些软件有时并不能满足用户的需求，这时用户就可以自行安装一些应用软件，来满足日常使用的需求。

7.1.1 软件的分类

计算机软件按照用途可以分为系统软件和应用软件两类。

一、系统软件

系统软件泛指那些为了有效地使用计算机系统、给应用软件开发与运行提供支持或者能为用户管理与使用计算机提供方便的一类软件，例如，基本输入 / 输出系统（BIOS）、操作系统（如 Windows）、程序设计语言处理系统（如 C 语言编译器）、数据库管理系统（如 ORACLE、Access 等）、常用的实用程序（如磁盘清理程序、备份程序等）等都是系统软件。

二、应用软件

应用软件泛指那些专门用于解决各种具体应用问题的软件。由于计算机的通用性和应用的广泛性，应用软件比系统软件更丰富多样、五花八门。按照应用软件的开发方式和适用范围，应用软件可再分为通用应用软件和定制应用软件两大类。

（1）通用应用软件。

生活在现代社会，不论是学习还是工作，不论从事何种职业、处于什么岗位，人们都需要阅读、书写、通信、娱乐和查找信息，有时可能还要做讲演、发消息等，所有这些活动都有相应的软件使人们能更方便、更有效地进行。由于这些软件几乎人人都需要使用，所以把它们称为通用应用软件。

通用应用软件分若干类，如文字处理软件、信息检索软件、游戏软件、媒体播放软件、网络通信软件、个人信息管理软件、演示软件、绘图软件、电子表格软件等。这些软件设计得很精巧，易学易用，多数用户几乎不经培训就能使用，在普及计算机应用的进程中，它们起到了很大的作用。

（2）定制应用软件。

定制应用软件是按照不同领域用户的特定应用要求而专门设计开发的软件，如超市销售管理和市场预测系统、汽车制造厂的集成制造系统、大学教务管理系统、医院挂号计费系统、酒店客房管理系统等。这类软件专用性强，设计和开发成本相对较高，只有一些专业机构的用户需要购买，因此价格比通用应用软件贵得多。

7.1.2 安装软件

如果计算机中没有我们需要的软件，那么使用之前我们就需要对这个软件进行安装。下面以"有道词典"这个软件为例子介绍软件安装的具体步骤。

（1）在浏览器打开"有道词典"的官方网站，如图 7-1 所示。

图 7-1

（2）单击"立即下载"，将软件下载到桌面，如图 7-2 所示。

（3）双击桌面下载完的安装程序，弹出对话框如图 7-3 所示。

图 7-2

图 7-3

197

（4）默认"已阅读并认可"选项是选中状态，单击"快速安装"，进入安装状态，如图 7-4 所示。

图 7-4

（5）安装完成后如图 7-5 所示。

图 7-5

（6）单击"查词去"，即可进入查词页面使用，如图 7-6 所示。同时，在桌面上，可以看到"有道词典"的快捷方式，如图 7-7 所示，可以用来快速启动"有道词典"。

图 7-6

图 7-7

7.1.3 运行安装的软件

"有道词典"在安装完成后，就可以运行使用。软件的启动通常有两种方式，具体操作步骤如下。

图 7-8

（1）直接双击桌面上的"有道词典"即可运行软件，如图 7-8 所示。

（2）如果桌面上没有快捷启动程序图标，可以单击任务栏左下角开始图标 ，在弹出窗口中单击"所有应用"，找到"有道词典"，如图 7-9 所示，单击即可。

图 7-9

199

7.1.4　修复安装的软件

如果软件在使用过程中出现了问题，可以使用 Windows 10 自带的修复安装功能来修复软件。但并不是所有的软件都支持该功能，只有支持该功能的软件才可以进行这项操作。下面以 Office 2010 为例介绍具体的操作步骤。

（1）单击任务栏左下角开始图标■，然后单击"设置"选项，在弹出的窗口中单击"系统"，如图 7-10 所示。

图 7-10

（2）在弹出的"设置"窗口中，单击左侧的"应用和功能"选项，然后单击右侧的"Microsoft Office Professional Plus 2010 Microsoft Corporation"，再单击"修改"按钮，如图 7-11 所示。

图 7-11

（3）在弹出的对话框中，单击"修改"按钮，如图7-12所示。

图 7-12

（4）在弹出的窗口中选中"修复"，然后单击"继续"按钮，如图7-13所示。

图 7-13

（5）Microsoft Office 2010 开始进行修复工作，如图7-14所示。

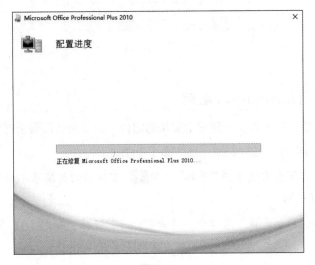

图 7-14

（6）程序修复完成后，出现图 7-15 所示的窗口，单击"关闭"按钮。

图 7-15

（7）弹出是否需要重新启动计算机的对话框，如图 7-16 所示。关闭其他正在运行的程序，然后单击"是"按钮，开始重启。

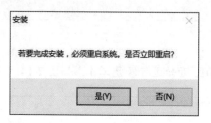

图 7-16

7.1.5 启用或关闭 Windows 功能

Windows 10 系统默认附带了一些非常实用的组件，但是默认没有全部安装，如果用户需要其中的功能，则可以自己进行添加，具体操作步骤如下。

（1）在任务栏左下角右键单击"开始"图标■，在弹出的快捷菜单中单击"控制面板"，如图 7-17 所示。

（2）在弹出的"控制面板"窗口中，单击"程序"链接，如图 7-18 所示。

（3）在弹出的"程序"窗口中，单击"启用或关闭 Windows 功能"链接，如图 7-19 所示。

图 7-17

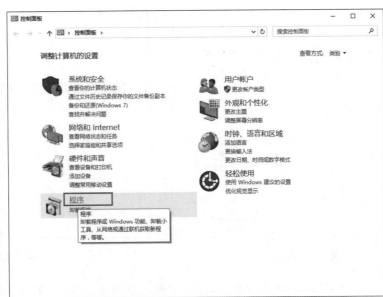

图 7-18

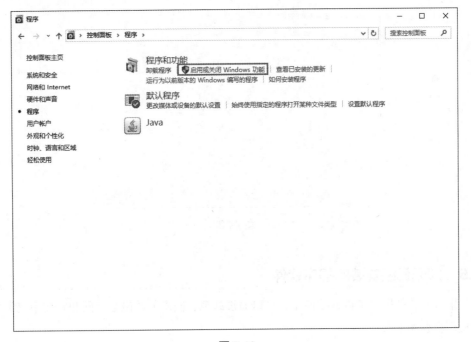

图 7-19

（4）在弹出的窗口中，勾选需要添加的功能，如图 7-20 所示。

（5）单击"确定"按钮，进入启动状态，如图 7-21 所示。

图 7-20

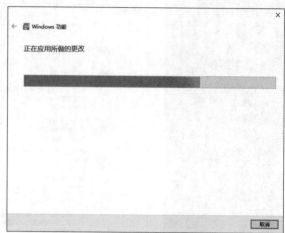

图 7-21

（6）Windows 功能启动完成后，如图 7-22 所示，单击"关闭"按钮即可。

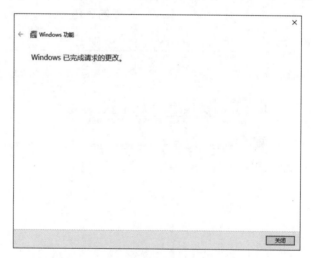

图 7-22

7.1.6 卸载已经安装的程序软件

如果有些软件用户不再继续使用，可以通过卸载它们来节约磁盘空间和释放系统资源，具体操作步骤如下。

（1）在任务栏左下角单击开始菜单图标 ，在弹出的菜单中单击"设置"选项，弹出窗口如图 7-23 所示。

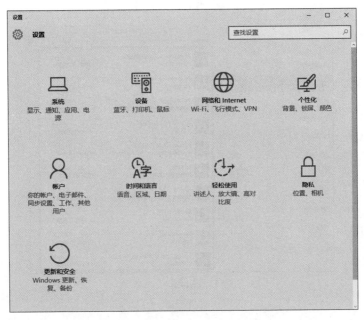

图 7-23

（2）在弹出的窗口中单击"系统"选项，弹出窗口如图 7-24 所示。

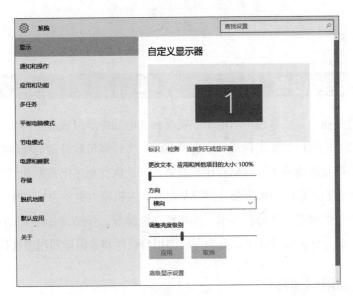

图 7-24

（3）单击"应用和功能"选项，窗口右侧如图 7-25 所示。

（4）例如，单击"QQ 影音"，单击"卸载"按钮，弹出窗口如图 7-26 所示。

（5）单击"卸载"按钮，开始卸载，等待卸载完成即可。

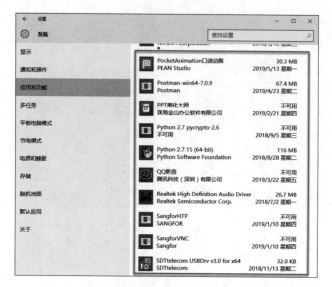

图 7-25

图 7-26

7.2 了解硬件设备

计算机硬件是指计算机系统中由电子、机械和光电元件等组成的各种物理装置的总称。这些物理装置按系统结构的要求构成一个有机整体，为计算机软件运行提供物质基础，简言之，计算机硬件的功能是输入并存储程序和数据，以及执行程序把数据加工成可以利用的形式。从外观上来看，微机由主机箱和外部设备组成。主机箱内主要包括 CPU、内存、主板、硬盘驱动器、光盘驱动器、各种扩展卡、连接线、电源等，外部设备包括鼠标、键盘等。按照安装的类型来分，计算机硬件可以分为即插即用型硬件和非即插即用型硬件。

7.2.1 即插即用型硬件

计算机在装上一些新硬件以后，必须安装相应的驱动程序及配置相应的中断、分配资源等操作才能使新硬件正常使用。多媒体技术的发展，使人们需要的硬件越来越多，安装新硬件后的配置工作就成为让人头痛的事。为了解决这一问题，出现了"即插即用"技术。这些硬件连接到计算机上之后，无须配置即可进行使用。使用即插即用标准的硬件也叫即插即用型硬件，比如显示器、USB 设备等。

7.2.2 非即插即用型硬件

一些硬件连接到计算机上后，并不能立即使用，需要安装相应的驱动程序才可以使用，这样的硬件叫作非即插即用型硬件，比如打印机、扫描仪等。

7.3 硬件设备的使用和管理

在计算机的使用过程中，根据工作内容的不同，用户需要添加或者删除各种各样的硬件。那么如何对这些硬件设备进行使用和管理呢？下面进行介绍。

7.3.1 添加打印机

打印机是最常使用的硬件设备之一，是办公室计算机必备的设备，下面介绍如何为计算机添加打印机。

打印机按照接口类型可以分为并口打印机、USB 接口打印机、网络打印机 3 种。下面以最常用的 USB 接口打印机来说明如何添加打印机。

首先准备好打印机的驱动程序，可以从官网下载或者使用打印机自带的光盘，然后按照步骤安装驱动程序。

等驱动程序提示将打印机连接到计算机时，将打印机和计算机通过 USB 打印电缆连接后，打开打印机电源，等待安装程序执行完成后续的步骤即可。

7.3.2 查看硬件设备的属性

如果需要了解计算机硬件的属性信息，可以通过设备管理器来查看，具体操作步骤如下。

（1）在任务栏左下角鼠标右键单击开始菜单图标■，弹出窗口如图 7-27 所示。

（2）单击"控制面板"选项，弹出窗口如图 7-28 所示。

（3）单击"设备管理器"选项，弹出窗口如图 7-29 所示。

（4）展开要查看的项目，然后选中要查看的设备，单击鼠标右键，在弹出的窗口中选择"属性"，弹出窗口如图 7-30 所示，在各标签页可以查看硬件的各种属性信息。

图 7-27

图 7-28

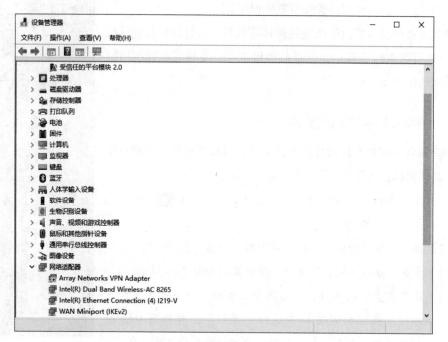

图 7-29

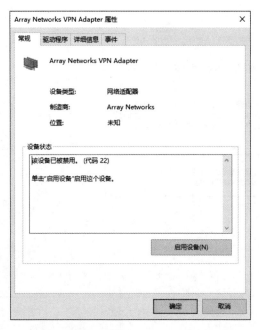

图 7-30

7.3.3 更新硬件设备的驱动程序

计算机硬件通过驱动程序和操作系统实现交互，如果驱动程序出现问题，会导致硬件不能正常使用。另外，厂家也会定期发布新的硬件驱动程序，来更好地发挥硬件的性能。下面介绍如何更新硬件设备的驱动程序。

方法一：如果厂家提供的是可执行程序，则直接运行安装程序即可完成硬件设备驱动程序的更新。

方法二：如果厂家提供的不是可执行程序，而是 .inf 文件，则可以通过设备管理器来更新硬件设备的驱动程序，具体操作步骤如下。

图 7-31

（1）按照 7.3.2 小节的方法打开设备管理器，并打开硬件设备属性窗口，单击"驱动程序"选项卡，如图 7-31 所示。

（2）单击"更新驱动程序"按钮，弹出窗口如图 7-32 所示。

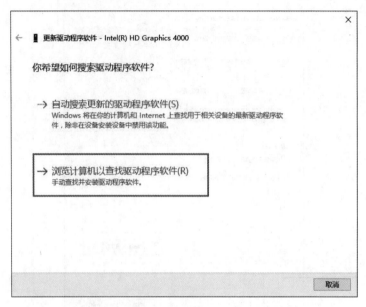

图 7-32

（3）单击"浏览计算机以查找驱动程序软件"，弹出窗口如图 7-33 所示。

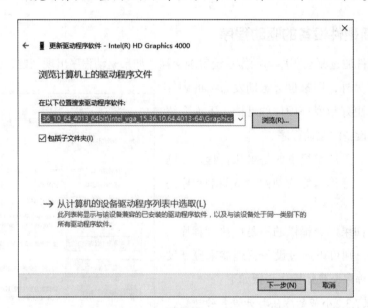

图 7-33

（4）单击右侧的"浏览"按钮，选择要更新的驱动程序所在的文件夹，然后单击"下一步"
　　 按钮，耐心等待安装完成，如图 7-34 所示。

（5）单击"关闭"按钮，完成设置。

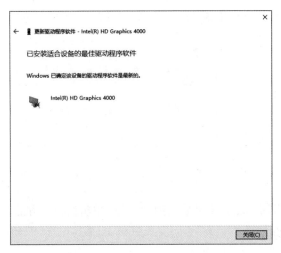

图 7-34

7.3.4 禁用和启用硬件设备

如果某个硬件设备不再使用，或者该硬件设备由于出现故障导致操作系统出现问题，则需要禁用它。下面介绍具体操作步骤。

一、设备禁用

（1）打开"设备管理器"窗口，然后选中需要禁用的设备，单击窗口上方的"禁用"按钮，如图 7-35 所示。

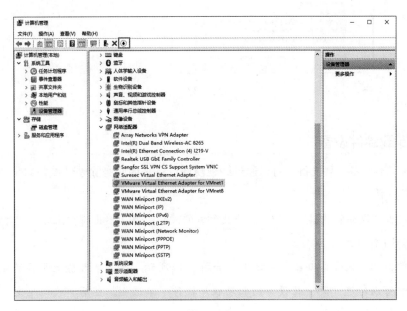

图 7-35

（2）在弹出的对话框中，单击"是"按钮，如图7-36所示，即可完成设备的禁用。

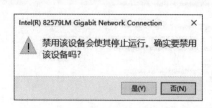

图 7-36

二、设备启用

打开"设备管理器"窗口，选中需要启用的设备，单击窗口上方的"启用"按钮，如图7-37所示，即可完成设备的启用。

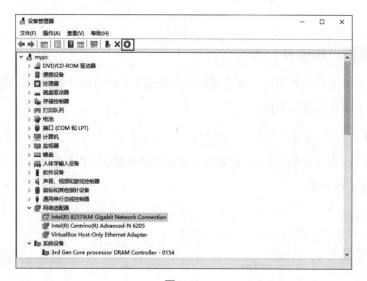

图 7-37

7.3.5 卸载硬件设备

如果确定不再需要某设备，可以通过卸载硬件设备来彻底删除硬件设备的驱动程序，具体操作步骤如下。

（1）打开"设备管理器"窗口，选中要卸载的硬件设备，单击窗口上方的"卸载"按钮，如图7-38所示。

（2）弹出"确认设备卸载"对话框，如图7-39所示。如果要删除此设备的驱动程序，则可以勾选"删除此设备的驱动程序软件"单选框，然后单击"确定"按钮，等待卸载操作完成。

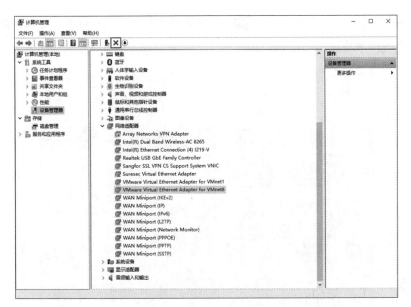

图 7-38

图 7-39

7.4 管理默认程序

现在计算机的功能越来越大，应用软件的种类也越来越多，往往一个功能在计算机上会安装多个软件，这时该怎么设置其中一个为默认的软件呢？比如说有两个播放器，选择一个为默认值。下面介绍具体设置方式。

7.4.1 设置默认程序

Windows 提供了设置默认程序的功能，可以设置某些文件的默认打开程序，具体操作步骤如下。

（1）单击任务栏左下角开始图标■，在弹出菜单栏中单击"设置"选项，弹出窗口如图 7-40 所示。

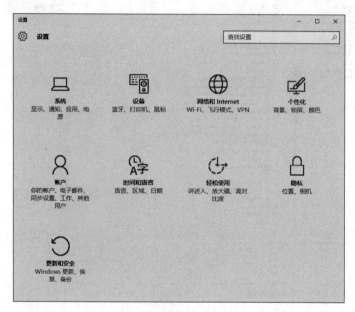

图 7-40

（2）单击"系统"选项，弹出窗口如图 7-41 所示。

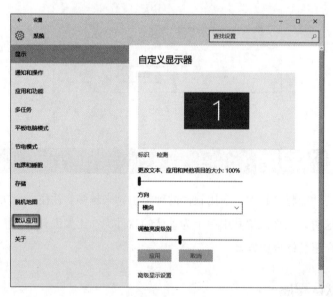

图 7-41

（3）单击"默认应用"选项，右侧窗口如图 7-42 所示。

图 7-42

（4）Windows 10 提供了一些常用默认应用设置，单击 ➕ 按钮，在弹出的窗口中选择应用，即可设置为默认应用。

（5）Windows 10 还支持"按文件类型指定默认应用""按应用设置默认值""按协议设置默认值"以"按应用设置默认值"为例，单击 按应用设置默认值 选项，弹出窗口如图 7-43 所示。

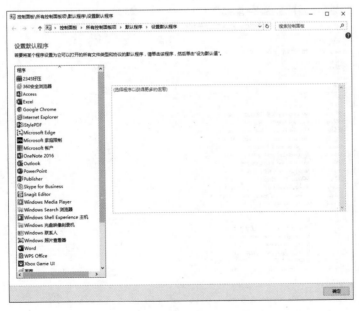

图 7-43

（6）在窗口左侧区域，单击需要设置默认程序的图标，如 Excel，右侧窗口如图 7-44 所示。

图 7-44

（7）单击"选择此程序的默认值"可以设置哪些类型的文件默认以此应用打开，弹出窗口如图 7-45 所示。

图 7-45

（8）勾选完文件类型，单击"保存"按钮，开始设置默认应用，如图 7-46 所示，耐心等待设置完成即可。

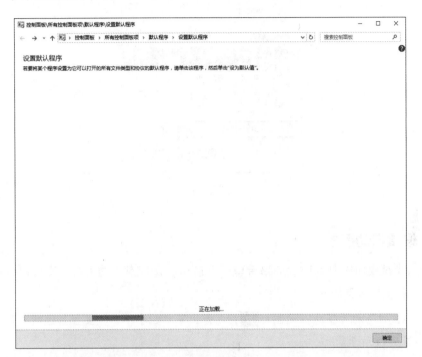

图 7-46

7.4.2 设置文件关联

有时用户习惯于打开某一应用总是使用某一软件，而不希望安装其他应用的时候默认打开方式被修改，这时可以将此类型软件设置为始终使用某一程序打开，具体操作步骤如下。

（1）以".docx"文件为例，鼠标右键单击文件，然后在弹出的快捷菜单中单击"打开方式"，然后单击"选择其他应用"选项，弹出窗口如图 7-47 所示。

（2）在弹出的对话框中，选择要使用的程序，然后勾选"始终使用此应用打开.docx 文件"单选框，单击"确定"按钮，即可完成设置，如图 7-48 所示。

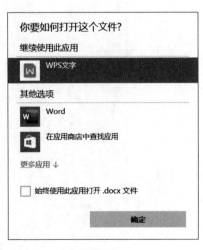

图 7-47

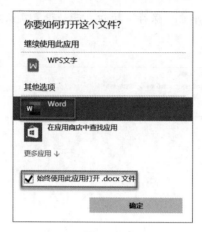

图 7-48

7.4.3 设置自动播放

当放入光盘或插入 U 盘时，如果希望可以自动播放 U 盘上的内容，则可以设置自动播放功能，具体操作步骤如下。

（1）单击任务栏左下角开始图标 ，在弹出菜单栏中单击"设置"选项，弹出窗口如图 7-49 所示。

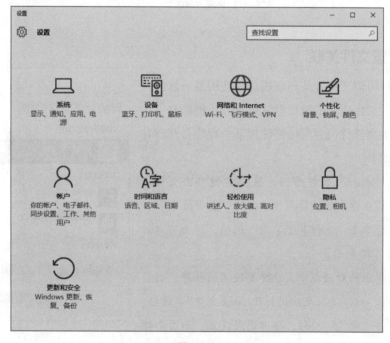

图 7-49

（2）单击"设备"选项，弹出窗口如图 7-50 所示。

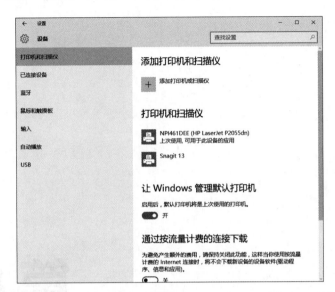

图 7-50

（3）单击"自动播放"选项，右侧窗口如图 7-51 所示。

（4）滑动"在所有媒体和设备上使用自动播放"按钮为开状态，即可打开自动播放设置，
如图 7-52 所示。

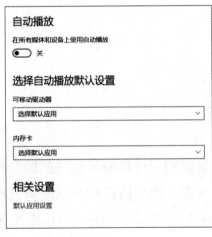

图 7-51

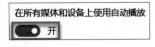

图 7-52

（5）单击"可移动驱动器"下拉框，可以设置打开移动驱动器类型设备使用的默认应
用程序。

（6）单击"内存卡"下拉框，可以设置打开内存卡类型设备使用的默认应用程序。

第 8 章

体验精彩的 Windows 10 云

在云服务和云计算等云相关的概念越来越火热的今天，如果自己的产品没有云服务就有点说不过去了。Windows 10 操作系统当然也不能少了云服务。微软在云方面的实力当然不容小觑，OneDrive 和 Office Online 就是Windows 10 系统云服务的两个重磅产品。本章将与读者一起体验 Windows 10 的云世界。

8.1 OneDrive 免费的云存储空间

8.1.1 OneDrive 概述

2014 年 2 月 19 日，微软正式宣布 OneDrive 云存储服务上线。OneDrive 采取的是云存储产品通用的有限免费商业模式，用户使用 Microsoft 账户注册 OneDrive 后就可以获得 5GB 的免费存储空间，免费空间足以应付大部分日常使用，当然如果用户觉得空间不够用，还可以付费购买额外的存储空间。

用户可以在以下设备上使用 OneDrive。

- 安装了 Windows 操作系统和 Mac OS X 系统的计算机。
- 安装了 Windows Phone 系统、iOS 系统、Android 系统的平板设备。
- 安装了 Windows Phone 系统、iOS 系统、Android 系统、黑莓系统的智能手机。

OneDrive 提供的主要功能如下。

- 相册的自动备份功能，即无须人工干预，OneDrive 自动将设备中的图片上传到云端保存，这样的话即使设备出现故障，用户仍然可以从云端获取和查看图片。
- 在线 Office 功能，微软将万千用户使用的办公软件 Office 与 OneDrive 结合，用户可以在线创建、编辑和共享文档，而且可以与本地的文档编辑进行任意的切换，本地编辑在线保存或在线编辑本地保存。在线编辑的文件是实时保存的，可以避免本地编辑时死机造成的文件内容丢失，提高了文件的安全性。
- 分享指定的文件、照片或者整个文件夹，只需提供一个共享内容的访问链接给其他用户，其他用户就可以且只能访问这些共享内容，无法访问非共享内容。

8.1.2 登录 OneDrive

（1）单击任务栏右侧的向上按钮，然后单击 OneDrive 图标，如图 8-1 所示。

（2）在弹出的设置 OneDrive 窗口中，输入电子邮件地址，然后单击"登录"按钮，如图 8-2 所示。

图 8-1

（3）稍后会在弹出窗口中，要求使用 Microsoft 账户登录，填写 Microsoft 账户信息。填写完成后，单击"登录"按钮，如图 8-3 所示。

（4）等待 Microsoft 账户登录完成后，会弹出对话框提示用户默认的 OneDrive 文件夹的位置。如果用户要更改为自己的文件夹位置，可以单击"更改位置"选项，如图 8-4 所示。

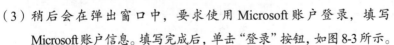

图 8-2

图 8-3

（5）在弹出的窗口中，选择新的文件夹，然后单击"选择文件夹"按钮，如图 8-5 所示。

（6）这时候用户可以发现 OneDrive 的文件夹已经变为了自己选择的文件夹，然后可以单击"下一步"按钮，如图 8-6 所示。

图 8-4

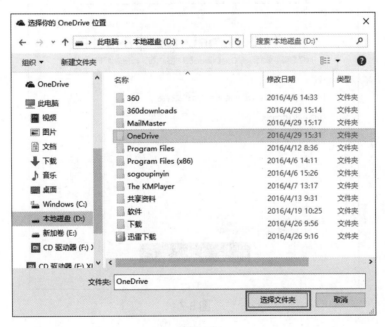

图 8-5

（7）在弹出的 OneDrive 中的文件界面，可以选择从 OneDrive 文件夹中将文件下载到本地计算机上。由于我们没有文件，这时候可以选择的文件是 0，单击"下一步"按钮继续，如图 8-7 所示。

图 8-6

图 8-7

（8）稍后计算机提示 OneDrive 准备就绪，这时候可以单击"打开我的 OneDrive 文件夹"按钮来打开本地计算机上的文件夹，如图 8-8 所示。这时候我们的 OneDrive 就设置完成了，当我们将文件或文件夹复制到本机上的文件夹时，计算机会自动同步至服务器。

图 8-8

8.1.3 使用 OneDrive 备份文件

OneDrive 提供了 5GB 的免费存储空间，并且可以自动将本地 OneDrive 文件夹的资料上传到云端，用户只需要将需要备份的文件放在 OneDrive 文件夹里面，计算机就会与服务器端同步，如图 8-9 所示。

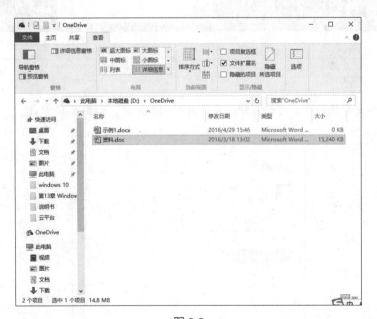

图 8-9

8.2 应用商店让下载更安全和方便

应用商店是从 Windows 8 系统开始出现的，使得应用的下载和安装变得更加方便。在

Windows 10 中，微软对应用商店进行了优化，与之前的 Windows 8 应用商店相比，新的应用商店大幅修改了 UI 布局，采用了纵向滚动方式，实现了一次购买、全平台通用的体验，而且应用商店的程序都经过了微软的审核，所以相比其他渠道的应用获取方式更加安全。

8.2.1　登录应用商店

（1）单击任务栏左下角的开始图标，然后单击右侧的应用商店图标，打开应用商店，如图 8-10 所示。

（2）单击窗口上方搜索栏左侧的小人按钮，在弹出的菜单中单击"登录"，如图 8-11 所示。

图 8-10

图 8-11

（3）在弹出的选择账户对话框中，单击选择一个账户，如图 8-12 所示。

图 8-12

（4）在弹出窗口中输入 Microsoft 账户的密码，如图 8-13 所示，单击"登录"按钮。

（5）登录成功后，单击小人图标，可以看到已经登录的账号，如图 8-14 所示。

图 8-13

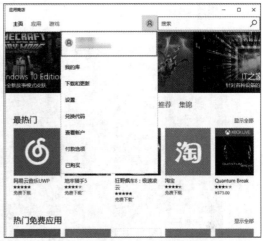

图 8-14

8.2.2　从应用商店下载并安装应用程序

登录应用商店后就可以从应用商店下载和安装程序了。下面以搜狐视频为例介绍下如何从应用商店安装应用程序，具体操作步骤如下。

（1）单击应用商店窗口右上方的搜索框，然后在搜索框内输入"搜狐视频"，这时候下拉框的第一条信息就显示了搜狐视频的程序图标，单击这个图标，如图 8-15 所示。

图 8-15

（2）在弹出的程序详细介绍页面，单击"免费下载"按钮，如图 8-16 所示。

（3）填写账号信息，单击"下一步"按钮进行登录即可，如图 8-17 所示。

图 8-16

图 8-17

第 9 章

Windows 10 的备份与还原

我们在日常使用计算机过程中，难免会遇到操作系统崩溃而无法使用的情况。当问题无法解决的时候，我们只有进行操作系统的重装，而一旦重装操作系统，原本安装的一系列软件将会丢失而无法使用，需要重新一个个安装，十分麻烦。Windows 10 提供了操作系统的备份与还原功能，使用户可以提前对操作系统做备份，当出现系统崩溃无法恢复时，使用还原功能，将操作系统还原到指定时间点状态即可，本章详细介绍 Windows 10 的备份与还原功能。

9.1 操作系统重置

类似手机具备恢复出厂设置功能，Windows 10 提供了系统重置功能，用于将计算机操作系统恢复到出厂状态。

目前的品牌计算机，很多提供了一键恢复的功能，我们在磁盘管理软件查看磁盘时，可以看到品牌厂商在计算机出厂时，默认在硬盘上设置了隐藏分区，用来存储系统重置的文件。当然，除了品牌厂商出厂时提供的一键恢复功能外，系统重置还有很多其他方式，如 Ghost 还原、Windows 系统镜像备份、U 盘重新安装系统等，都能达到系统重置的目的。

下面详细介绍 Windows 10 系统自带的系统重置功能，具体操作步骤如下。

一、操作系统可以正常启动状态下

（1）单击任务栏左下角开始菜单图标 ▉，在弹出菜单中单击"设置"选项，弹出窗口如图 9-1 所示。

图 9-1

（2）单击"更新和安全"选项，弹出窗口如图 9-2 所示。

（3）单击"恢复"选项，右侧窗口如图 9-3 所示。

（4）单击"开始"按钮，弹出对话框如图 9-4 所示。

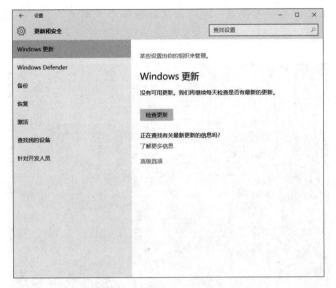

图 9-2

图 9-3

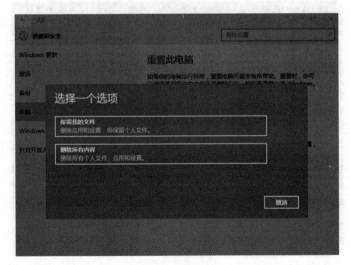

图 9-4

（5）可以选择保留原个人设置，也可以选择删除个人所有内容。这里单击"保留我的文件"选项，弹出对话框如图 9-5 所示。

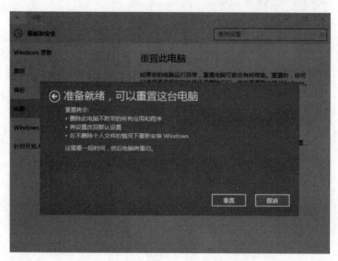

图 9-5

（6）单击"重置"按钮。此时，操作系统会自动重启并开始重新安装，等待重新安装完成即可。

二、操作系统无法正常启动状态下

（1）当操作系统无法正常启动时，上面的方法就无法进行系统重置了。此时启动操作系统，Windows 10 会首先进入"自动修复"的界面，如图 9-6 所示。

图 9-6

（2）单击"高级选项"，弹出窗口如图 9-7 所示。

图 9-7

（3）单击"疑难解答"选项，弹出窗口如图 9-8 所示。

图 9-8

（4）单击"重置此电脑"。后续的操作步骤与"操作系统可以正常启动状态下"的情况相同，这里不再赘述。

9.2　备份与还原操作

我们日常使用的备份与还原，主要有文件的备份与还原、操作系统的备份与还原两方面，下面进行介绍。

9.2.1　文件的备份与还原

我们日常针对文件备份的方式有很多，少量的、分散的文件可以通过 U 盘、云盘、移动硬盘等渠道进行备份，但是在需要备份的内容较多，同时可能需要实时备份的情况下，上面的方式显然就不合适了，这时可以利用 Windows 10 提供的文件备份与还原功能来满足我们的需求，具体操作步骤如下。

一、文件的备份

（1）鼠标右键单击任务栏左下角开始菜单图标 ⊞，弹出窗口如图 9-9 所示。

图 9-9

（2）单击"控制面板"选项，弹出窗口如图 9-10 所示。

图 9-10

（3）单击"备份和还原（Windows 7）"选项，弹出窗口如图 9-11 所示。

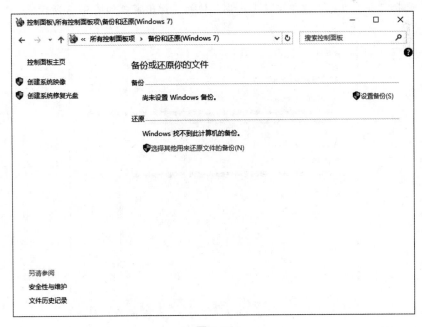

图 9-11

（4）单击"设置备份"选项，弹出窗口如图 9-12 所示。

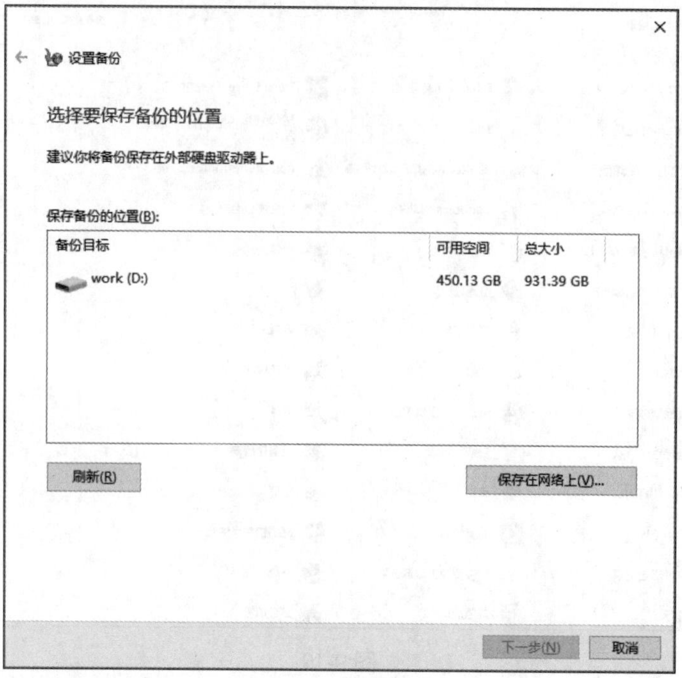

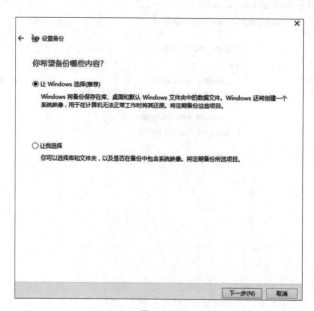

图 9-12

（5）选择"备份目标"，单击"下一步"按钮，弹出窗口如图 9-13 所示。

图 9-13

（6）可以备份 Windows 默认指定内容，也可以自定义选择需要备份的库和文件夹，单击"下一步"按钮。

（7）确认备份内容及计划，如图 9-14 所示。

图 9-14

（8）单击"保存设置并运行备份"按钮，开始备份。

二、文件的还原

（1）鼠标右键单击任务栏左下角的开始菜单图标■，弹出窗口如图 9-15 所示。

图 9-15

（2）单击"控制面板"选项，弹出窗口如图 9-16 所示。

图 9-16

（3）单击"备份和还原（Windows 7）"选项，弹出窗口如图 9-17 所示。

图 9-17

（4）单击"选择其他用来还原文件的备份"选项，弹出窗口如图 9-18 所示。

图 9-18

（5）单击"选择其他日期"，可以根据时间段内备份的数据来还原。单击"下一步"
按钮按照提示步骤操作即可，这里不再赘述。

9.2.2 映像文件的备份

（1）鼠标右键单击任务栏左下角的开始菜单图标 ⊞，弹出窗口如图 9-19 所示。

图 9-19

（2）单击"控制面板"选项，弹出窗口如图 9-20 所示。

图 9-20

（3）单击"备份和还原（Windows 7）"选项，弹出窗口如图 9-21 所示。

图 9-21

（4）窗口左侧单击"创建系统映像"选项，弹出窗口如图 9-22 所示。

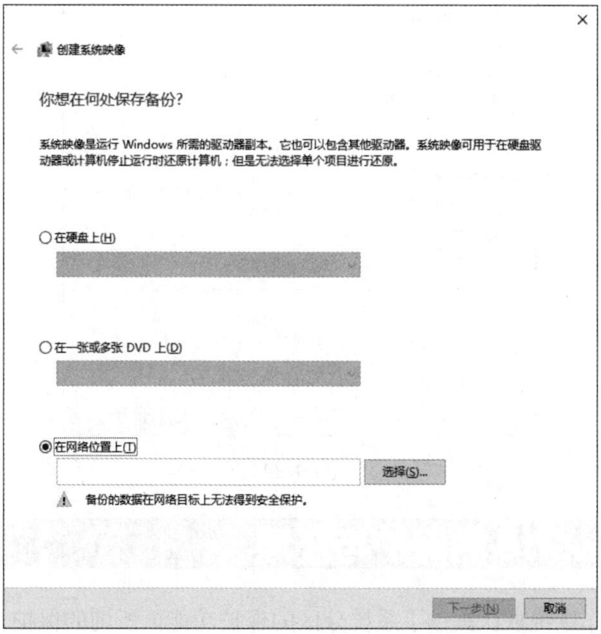

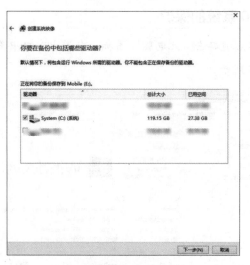

图 9-22

（5）选择备份位置，单击"下一步"按钮，选择需要备份的磁盘，弹出窗口如图 9-23 所示。

图 9-23

（6）单击"下一步"按钮，确认备份相关信息，弹出窗口如图 9-24 所示。

（7）单击"开始备份"按钮，开始映像文件的备份。

图 9-24

9.3 Windows 10 的保护与还原

　　Windows 10 操作系统默认提供了系统分区的保护功能。所谓的保护，指的是操作系统默认会定期自动保存系统文件、配置等相关信息，并自动创建还原点，当系统因为某种原因而崩溃时，可以用来进行还原使用。下面详细介绍相关内容。

9.3.1 Windows 10 系统的保护

（1）在桌面上鼠标右键单击"此电脑"图标，在弹出窗口中单击"属性"选项，弹出窗口如图 9-25 所示。

图 9-25

（2）在窗口左侧单击"系统保护"选项，弹出窗口如图 9-26 所示。

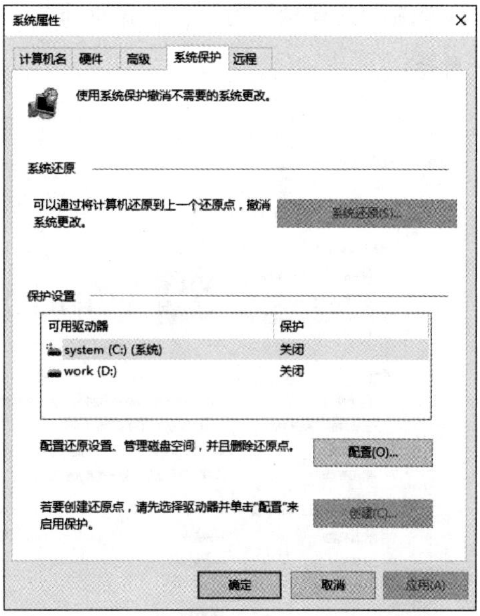

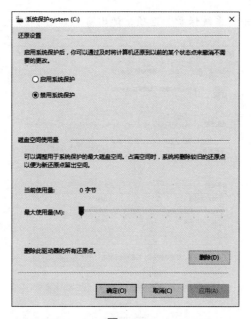

图 9-26

（3）单击"配置"按钮，弹出窗口如图 9-27 所示。

图 9-27

（4）单击选择"启用系统保护"，单击"确定"按钮，即可完成系统保护的启动。

9.3.2　Windows 10 系统的还原

（1）在桌面上鼠标右键单击"此电脑"图标，在弹出的窗口中单击"属性"选项，弹出窗口如图 9-28 所示。

图 9-28

（2）在窗口左侧单击"系统保护"选项，弹出窗口如图 9-29 所示。

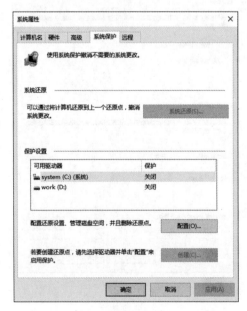

图 9-29

（3）单击"系统还原"按钮，弹出窗口如图 9-30 所示。

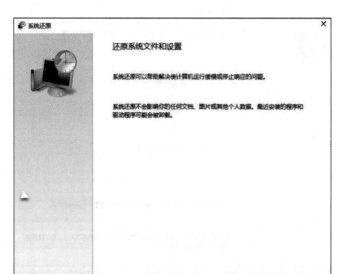

图 9-30

（4）单击"下一步"按钮，弹出窗口如图 9-31 所示，选择要恢复的还原点。

图 9-31

（5）单击"下一步"按钮，弹出窗口如图 9-32 所示，确认还原点与还原磁盘。

图 9-32

（6）单击"完成"按钮，系统进入还原过程，还原完成后会自动重启计算机，重启后
操作系统被还原至指定还原点的状态。

第 10 章

Windows 10 多媒体管理与应用

多媒体技术的出现与应用，把计算机从带有键盘和监视器的简单桌面系统变成了一个具有音响、麦克风、耳机、游戏杆和光盘驱动器的多功能组件箱，使计算机具备了电影、电视、录音、录像、传真等全面功能。最新版本的 Windows 10 操作系统更是从系统级支持多媒体功能的改善。本章具体介绍 Windows 10 的多媒体功能。

10.1　使用 Windows Media Player 播放音乐和视频

　　Windows Media Player，是微软公司出品的一款免费的播放器，是 Microsoft Windows 的一个组件，通常简称"WMP"。

　　该软件可以播放 MP3、WMA、WAV 等格式的文件，而 RM 文件由于竞争关系，微软默认但不支持，不过在 Windows Media Player 8 以后的版本，如果安装 RM 文件相关的解码器，就可以播放。视频方面可以播放 AVI、WMV、MPEG-1、MPEG-2、DVD 等格式的文件，用户可以自定媒体数据库收藏媒体文件，支持播放列表，支持从 CD 抓取音轨复制到硬盘，支持刻录 CD，Windows Media Player 9 以后的版本甚至支持与便携式音乐设备同步音乐，集成了 Windows Media 的在线服务。Windows Media Player 10 更集成了纯商业的联机商店商业服务，支持图形界面更换，支持 MMS 与 RTSP 的流媒体，内部集成了 Windows Media 的专辑数据库，如果用户播放的音频文件与网站上面的数据一致，用户可以看到专辑消息。支持外部安装插件增强功能。

10.1.1　Windows Media Player 初始设置

　　初次使用 Windows Media Player 时需要进行设置。下面介绍如何启动和设置 Windows Media Player，具体操作步骤如下。

　　（1）单击任务栏左下角开始菜单图标![windows]，然后单击所有应用，找到以 W 开头的程序，单击"Windows 附件"菜单，在下拉列表中单击"Windows Media Player"应用，如图 10-1 所示。

图 10-1

（2）弹出的对话框如图 10-2 所示。

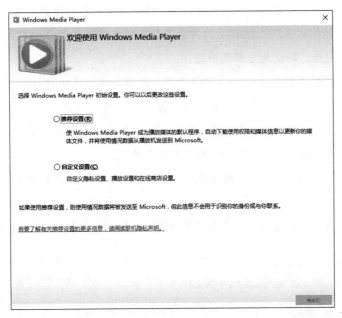

图 10-2

（3）如果希望使用推荐设置，可以单击"推荐设置"选项。这里选择"自定义设置"，
单击"下一步"按钮，如图 10-3 所示。

图 10-3

（4）本窗口提供了两个选项卡，一个选项卡是隐私声明，是微软对隐私数据的保护声明；另一个选项卡是隐私选项的各种设置，用户可以进行以下几个选项的设置。

- 增强的播放体验：这个项目下的内容是关于播放体验的隐私内容的设置，可以根据需要进行勾选，默认是全部选中的。

- 增强的内容提供商服务：勾选这个项目，可以让内容提供商获取用户播放器的唯一表示，便于内容提供商提供个性化的服务。

- Windows Media Player 客户体验改善计划：勾选这个选项时，播放机会向微软发送播放机的相关使用数据，以帮助微软提高客户体验。

- 历史记录：这个选项可以选择是否允许 Media Player 储存用户的媒体播放历史记录。

（5）设置完隐私相关内容后，单击"下一步"按钮，弹出窗口如图 10-4 所示。

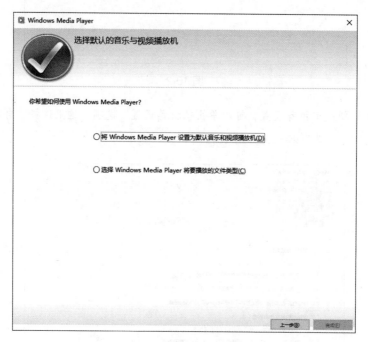

图 10-4

（6）选择如何使用 Windows Media Player 选项，单击"完成"按钮，完成设置。此时会弹出 Windows Media Player 窗口使用界面，用户就可以开始正式使用 Windows Media Player，如图 10-5 所示。

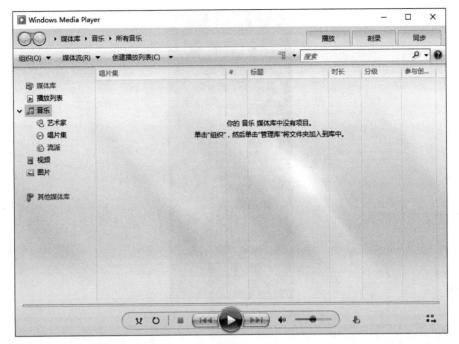

图 10-5

10.1.2 创建播放列表

播放列表是创建并保存的视频或音乐的项目列表。播放列表是将喜欢欣赏或经常查看的视频或音乐进行分组的好方法，用户还可以使用播放列表将要刻录到 CD 或要与便携式设备同步的视频或音乐进行分组。Windows Media Player 中有自动播放列表和常规播放列表两种类型的播放列表。

自动播放列表是一种会根据指定的条件自动进行更改的播放列表类型，在每次打开时，它还会进行自我更新。例如，如果要欣赏某位艺术家的音乐，用户可以创建一个自动播放列表，当有该艺术家的新音乐出现在播放机库中时，该列表将自动添加。可以使用自动播放列表来播放库中不同的音乐组合，将分组的项目刻录到 CD 或同步到便携式设备。在库中，用户还可以创建自己的自动播放列表和常规播放列表。

常规播放列表是包含一个或多个数字媒体文件的已保存列表，包含播放机库中的歌曲、视频或图片的任意组合。下面介绍如何创建播放列表，具体操作步骤如下。

（1）单击任务栏左下角开始菜单图标 ⊞，然后单击所有应用，找到以 W 开头的程序，单击 "Windows 附件" 菜单，在下拉列表中单击 "Windows Media Player" 应用，如图 10-6 所示。

图 10-6

（2）在弹出的应用使用窗口中，单击窗口上方的"创建播放列表"按钮，如图 10-7 所示。

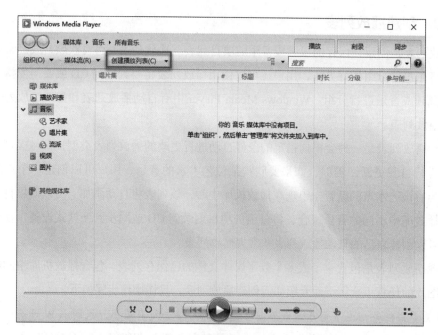

图 10-7

（3）单击窗口上部的"播放"标签页，窗口如图 10-8 所示。

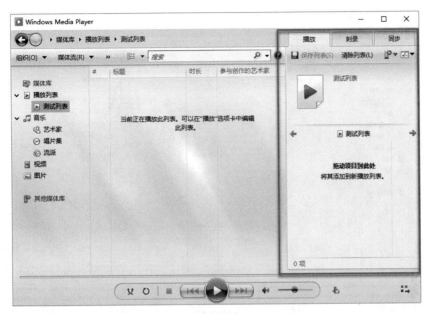

图 10-8

（4）打开音乐或视频文件所在的文件夹，然后选中视频或音乐文件，拖动文件到播放
器右侧的窗口中，如图 10-9 所示。

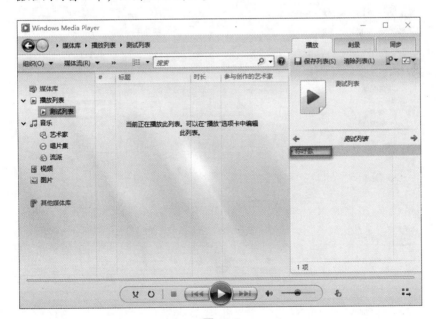

图 10-9

（5）单击窗口右上方的"保存列表"按钮，如图 10-10 所示。

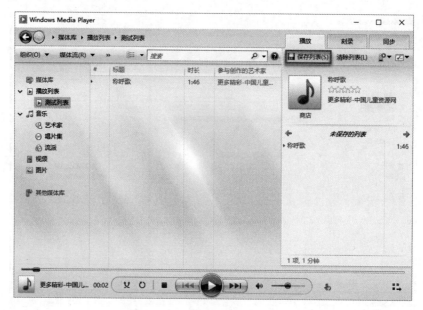

图 10-10

（6）在文本框内输入列表的标题，按 Enter 键确认即可，如图 10-11 所示。

图 10-11

10.1.3　管理播放列表

可以通过管理播放列表来添加新的音乐和删除旧的音乐，具体操作步骤如下。

一、添加音乐

（1）打开 "Windows Media Player"，双击窗口左侧列表中希望添加音乐的播放列表名称，如图 10-12 所示。

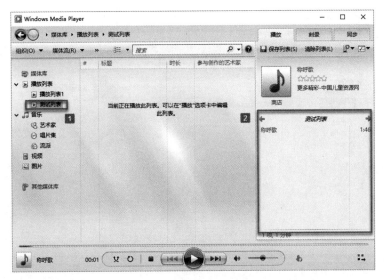

图 10-12

（2）打开音乐所在的文件夹，选择需要加入的音乐文件，拖动到窗口右侧播放列表中合适的位置即可，如图 10-13 所示。

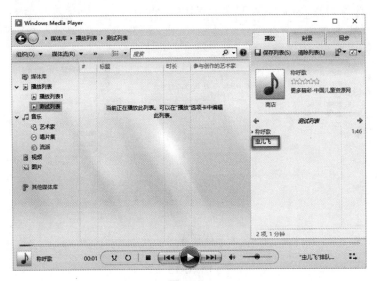

图 10-13

（3）单击窗口上方 "保存列表" 按钮，完成音乐添加。

二、删除音乐

（1）打开"Windows Media Player"，双击窗口左侧列表中希望删除音乐的播放列表名称，如图 10-14 所示。

图 10-14

（2）在窗口右侧，鼠标右键单击需要删除的音乐名称，如图 10-15 所示。

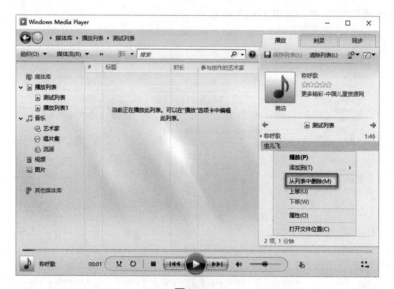

图 10-15

（3）单击"从列表中删除选项"，完成音乐删除。

10.1.4 将 Windows Media Player 设为默认播放器

如果希望将 Windows Media Player 设置为默认的播放器，可以按照下面的步骤设置。

（1）单击任务栏左下角开始菜单图标 ，然后单击"设置"选项，弹出窗口如图 10-16 所示。

图 10-16

（2）单击"系统"选项，弹出窗口如图 10-17 所示。

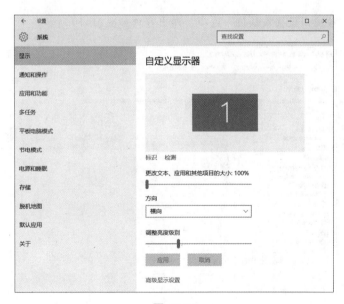

图 10-17

（3）在窗口左侧单击"默认应用"选项，右侧窗口如图 10-18 所示。

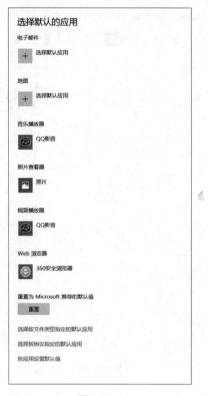

图 10-18

（4）单击"按应用设置默认值"选项，弹出窗口如图 10-19 所示。

图 10-19

（5）在弹出窗口左侧列表中选中 Windows Media Player，右侧窗口如图 10-20 所示。

图 10-20

（6）单击"将此程序设置为默认值"选项，单击"确定"按钮，完成设置。

10.2　使用照片应用管理照片

Windows 自带的图片查看器，一直以来都伴随着操作系统，可以说它是默默无闻的，虽没有引起用户的过多关注，但却缺少不了。在 Windows 10 中照片查看器变成了照片应用，它的功能让人眼前一亮。下面我们来体验其强大的图片管理功能。

10.2.1　照片应用的界面

首先认识下照片应用的界面，具体操作步骤如下。

（1）鼠标右键单击一张照片，在弹出窗口中选择"打开方式"选项，在弹出列表中选择"照片"应用，弹出窗口如图 10-21 所示。

（2）单击窗口左上角的"查看所有照片"选项，窗口如图 10-22 所示。

（3）窗口上方一共有 9 项核心内容，下面进行简要介绍。

* 集锦：按照时间顺序排列的照片。

* 相册：可以按照自己的喜好来把照片进行归类，或者 Windows 自动对照片进行归类。

* 文件夹：可以选择照片和视频的源文件夹。

* 登录 🗛：登录 Microsoft 账户后，可以将照片同步到 OneDrive 上。

图 10-21

图 10-22

- 设置 ⋯：对照片应用的相关设置。
- 刷新 ↻：刷新当前信息。
- 选择 ⋮≡：选择照片。
- 导入 ⬓：从外部设备导入照片。
- 幻灯片放映 ▣：可以以幻灯片的形式播放相册中的照片。

10.2.2 在照片应用中查看照片

Windows 默认的照片查看软件就是照片应用，如果用户需要在照片应用中查看照片，只要打开照片所在的文件夹，然后双击要打开的照片即可。

如果默认的打开照片的应用不是照片应用，用户可以通过设置默认程序的方式来将照片应用设置为默认的照片查看器，具体操作步骤如下。

（1）单击任务栏左下角的开始菜单图标 ▦ ，在弹出的菜单栏中单击"设置"选项，弹出窗口如图 10-23 所示。

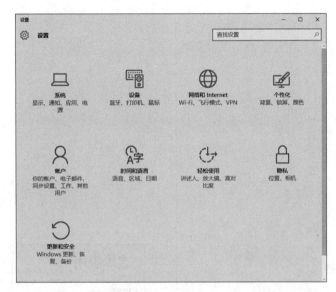

图 10-23

（2）单击"系统"选项，弹出窗口如图 10-24 所示。

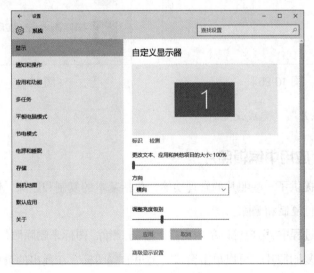

图 10-24

（3）单击窗口左侧的"默认应用"选项，窗口右侧如图 10-25 所示。

（4）单击"照片查看器"选项，弹出窗口如图 10-26 所示。

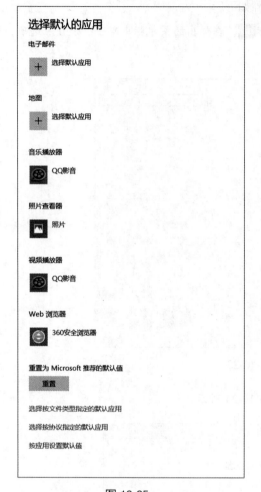

图 10-25

图 10-26

（5）单击"照片"，完成设置。

10.2.3 在照片应用中编辑照片

照片应用中还提供了一些照片的管理功能，包括基本的复制和删除，使得用户不必退出照片应用就可以进行复制和删除。

在查看照片的过程中，用户可以单击窗口下方的"删除"图标来删除照片，如图 10-27 所示。

如果我们希望复制照片，可以单击窗口右上角的 ▇ 图标，在弹出的菜单中单击"复制"选项，如图 10-28 所示。

图 10-27

图 10-28

如果照片中有些不满意的地方，照片应用还提供了一些基础工具来对照片进行编辑。右键单击要编辑的照片，在弹出的菜单中单击"编辑"，如图 10-29 所示。

图 10-29

10.3　在 Windows 10 应用商店中畅玩游戏

　　Windows 应用商店是 Windows 10、Win8/Windows 8.1 /WinRT/Wp 的重要功能，使用 Windows 应用商店可以使用社交和联络、共享和查看文档、整理照片、收听音乐以及观看影片的内置应用，而且还可以在 Windows 应用商店中找到更多应用。

　　Windows 附带出色的内置应用，包括 Skype 和 OneDrive，但这仅仅是一小部分，应用商店还有大量其他应用，可帮助保持联系和完成工作，还提供比以往更多的游戏和娱乐，其中许多是免费的。下面进行具体介绍。

　（1）单击开始，然后单击右侧的"应用商店"图标，如图 10-30 所示。

　（2）在打开的应用商店窗口中，单击"游戏"标签页，可以看到游戏列表，如图 10-31 所示。

图 10-30

图 10-31

（3）单击其中一款游戏，可以看到游戏的详细介绍。如果喜欢这款游戏，就可以单击
下方的"免费下载"按钮，如图 10-32 所示。

图 10-32

（4）如果此时没有登录 Microsoft 账户，会弹出
图 10-33 所示的窗口，提示登录。选择一个
账户进行登录后，即可进行免费下载。

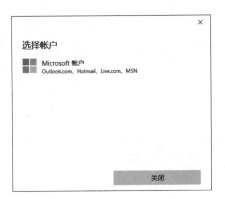

图 10-33

第 11 章

Windows 10 共享与远程操作

如果家庭里面有多台计算机或在企业中使用计算机时，我们有时候需要使用其他计算机来协同工作或进行资源共享，Windows 10 提供了强大的网络共享和远程操作功能，本章详细介绍 Windows 10 的共享与远程操作。

11.1 共享资源，提高效率

在日常的工作或学习中，我们经常遇到需要共同处理的工作，这时候同一个文件需要大家共同地编写和维护，Windows 10 提供了共享功能。

11.1.1 共享文件夹

如果共享的文件需要设定自定义的权限，可以使用 Windows 的高级共享设置，具体操作步骤如下。

（1）鼠标右键单击需要共享的文件夹，在弹出的快捷菜单中单击"属性"选项，在弹出的文件夹属性窗口中，单击"共享"标签页，如图 11-1 所示。

（2）单击"高级共享"按钮，弹出窗口如图 11-2 所示。

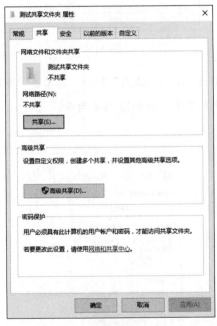

图 11-1

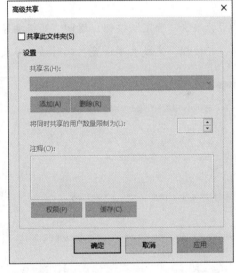

图 11-2

（3）勾选"共享此文件夹"单选框。在这里，可以设置文件夹的共享名称，可以设置同时共享的用户数量以节约计算机的资源，还可以对共享的资源进行注释，如图 11-3 所示。

（4）单击"权限"按钮，弹出窗口如图 11-4 所示。

（5）设置完权限后，单击"确定"按钮，返回"高级共享"页面。

（6）单击"缓存"按钮，弹出窗口如图 11-5 所示，可以设定脱机用户可用的文件和程序。

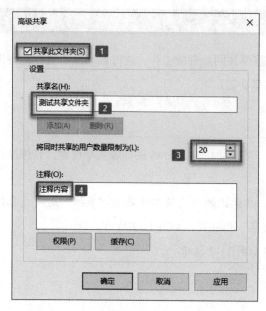

图 11-3

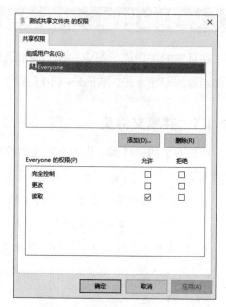

图 11-4

（7）单击"确定"按钮，返回"高级共享"页面，单击"应用"按钮，再单击"确定"按钮，完成共享设置，此时该共享文件夹的共享属性如图 11-6 所示。

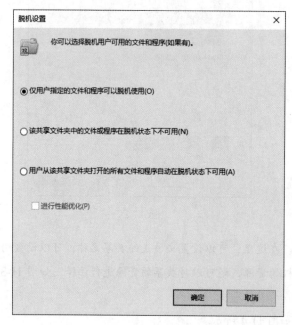

图 11-5

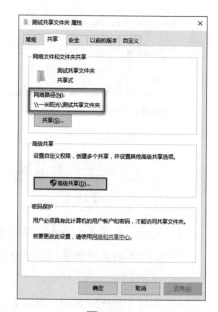

图 11-6

（8）单击"共享"按钮，弹出窗口如图 11-7 所示。

（9）单击"添加"按钮左侧下拉框，如图 11-8 所示。

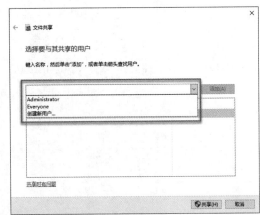

图 11-7　　　　　　　　　　　　　　　　图 11-8

（10）选择"Everyone"选项，单击"添加"按钮，此时窗口如图 11-9 所示。

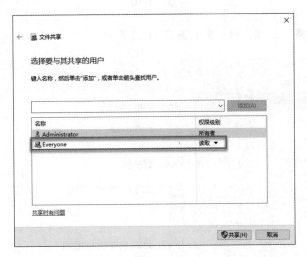

图 11-9

（11）单击"共享"按钮，完成文件夹共享设置。

11.1.2　共享打印机

在打印机的日常使用中，尤其是企业打印机的使用，通常是整个企业员工共同使用同一台打印机，这时就需要设置打印机的共享。下面介绍如何设置，具体操作步骤如下。

（1）在要共享打印机的计算机上安装打印机驱动程序，安装完成后，单击任务栏左下角开始菜单图标 ，然后单击"设置"选项，弹出窗口如图 11-10 所示。

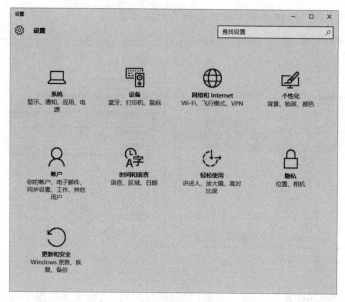

图 11-10

（2）单击"设备"选项，弹出窗口如图 11-11 所示。

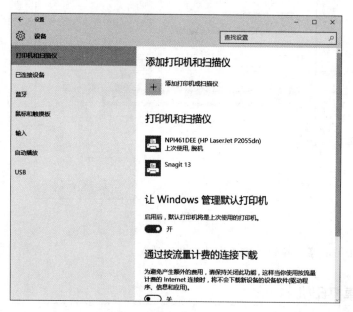

图 11-11

（3）单击窗口左侧的"打印机和扫描仪"，此时窗口右侧如图 11-12 所示。

（4）单击窗口下方"设备和打印机"选项，在弹出窗口鼠标右键单击需要共享的打印机，

在弹出下拉列表中选择"打印机属性"选项，如图 11-13 所示。

图 11-12

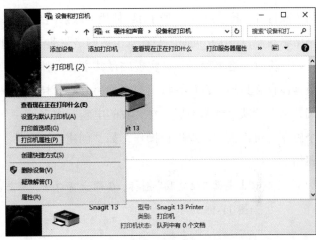

图 11-13

（5）在弹出的打印机属性窗口中，单击"共享"标签页，然后勾选"共享这台打印机"，在共享名栏内可以修改要共享的打印机的名称，也可以保持默认不进行改变，如图 11-14 所示。

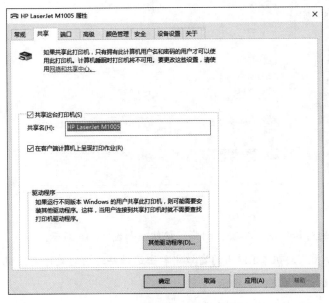

图 11-14

271

（6）单击"确定"按钮，完成打印机共享设置。

11.1.3 映射网络驱动器

在网络中用户可能经常需要访问某一个或几个特定的网络共享资源，若每次通过网上邻居依次打开，比较麻烦，这时可以使用"映射网络驱动器"功能，将该网络共享资源映射为网络驱动器，再次访问时，只需双击该网络驱动器图标即可。

"映射网络驱动器"是实现磁盘共享的一种方法，具体来说就是利用局域网将自己的数据保存在另外一台计算机上或者把另外一台计算机里的文件虚拟到自己的机器上，把远端共享资源映射到本地后，在"我的电脑"中多了一个盘符，就像自己的计算机上多了一个磁盘，可以很方便地进行操作，如"创建一个文件""复制""粘贴"等，具体操作步骤如下。

（1）双击桌面"此电脑"图标，在弹出窗口中，单击窗口上方的"映射网络驱动器"按钮，如图11-15所示。

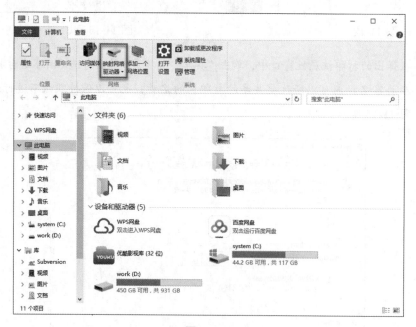

图 11-15

（2）在弹出的对话框中，单击"浏览"按钮，如图11-16所示。

（3）单击"浏览"按钮，在弹出的窗口中单击选择要映射的文件夹，然后单击下方的"确定"按钮，如图11-17所示。

（4）单击"完成"按钮，完成设置。

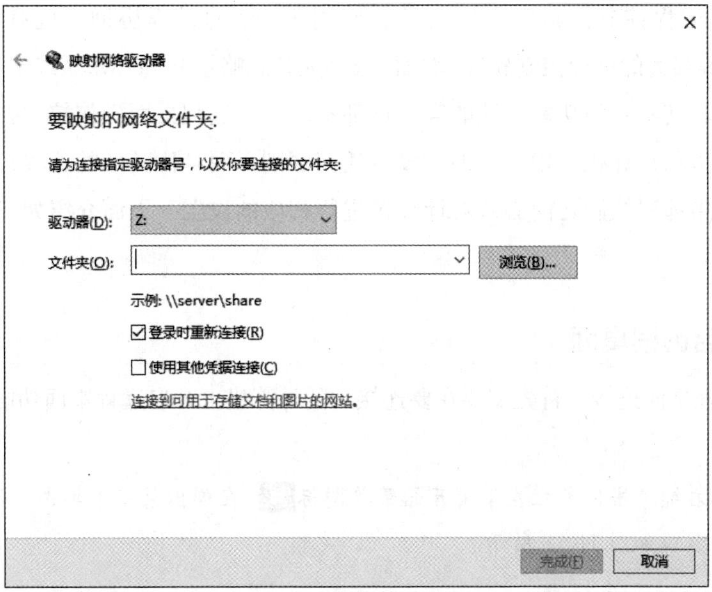

图 11-16

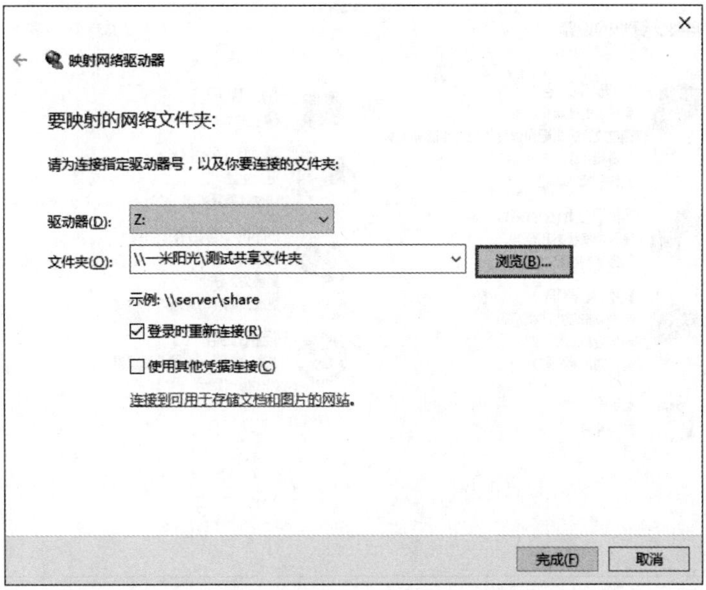

图 11-17

11.2 远程桌面连接

对于下班后还要加班而不想回办公室的人来说，用远程桌面连接进行控制是个很好的方法。说起远程控制，其实很多人已经使用过 QQ 的远程协助，也有很多人尝试过 PCAnyWhere 等强大的远程控制软件，然而，很多人却忽略了 Windows 系统本身就附带的"远程桌面连接"，其实它的功能、性能等一点都不弱，上远程桌面操作控制办公室的计算机就完全与在家里用计算机一模一样的，没有任何区别，而且比其他的远程控制工具好用得多！但是在使用远程控制之前必须对计算机进行相应的设置。下面介绍如何进行远程桌面连接。

11.2.1　开启远程桌面

要使用远程桌面连接，首先需要在要连接到的计算机上开启远程桌面功能，具体操作步骤如下。

（1）鼠标右键单击任务栏左下角开始菜单图标■，在弹出菜单中单击"控制面板"选项，弹出窗口如图 11-18 所示。

图 11-18

（2）单击"系统和安全"选项，弹出窗口如图 11-19 所示。

（3）在窗口右侧"系统"区域，单击"允许远程访问"选项，弹出窗口如图 11-20 所示。

（4）单击"允许远程连接到此计算机"选项，单击"确定"按钮，完成设置。这样就开启了远程桌面，以后用户可以在其他计算机上登录这台计算机。

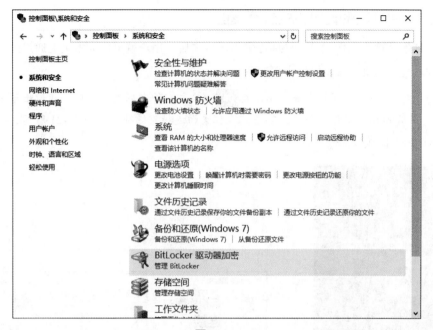

图 11-19

图 11-20

说明：Windows 10 家庭版没有远程桌面选项。

11.2.2 连接到其他计算机的远程桌面

当在其他计算机上设置了允许远程桌面连接之后，用户就可以在本机上通过远程桌面工具连接到其他计算机，具体操作步骤如下。

（1）单击任务栏左下角开始菜单图标 ，单击"所有应用"选项，在弹出菜单中单击"Windows 附件"菜单，单击"远程桌面连接"选项，如图 11-21 所示，弹出窗口如图 11-22 所示。

图 11-21

图 11-22

（2）在弹出的远程桌面窗口中的文本框内输入要连接的计算机的名称或者 IP 地址，单击"连接"按钮，等待一段时间之后，就可以看到远程计算机的桌面，用户可以像操作自己的计算机一样操作其他计算机。

单击图 11-22 中的"显示选项"，可以显示远程桌面连接的各种设置。

①常规标签页，如图 11-23 所示。

- 连接设置：将当前连接设置保存到 RDP 文件或打开一个已经保存好的连接。
- 保存：保存当前设置。
- 另存为：将当前的远程桌面存储到指定的位置并命名。
- 打开：如果我们原来保存过远程连接设置，则可以单击此按钮，直接打开原来保存的设置，不必重新输入。

②显示标签页，如图 11-24 所示。

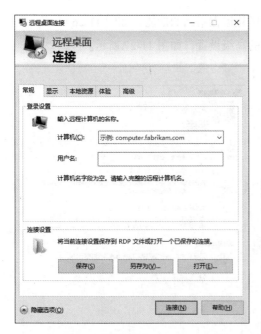

图 11-23

图 11-24

- 显示标签页：显示标签页用来对远程桌面的显示内容进行设置。

- 显示配置项：拖动滑块可以调整远程桌面的大小，如果将滑块拖动到最右边，则使用全屏来显示远程桌面。

- 颜色：可以设置远程会话的颜色深度。选择的质量越高，远程会话的色彩越真实，但是占用的网络带宽也越大。

③本地资源标签页，如图 11-25 所示。

- 本地资源标签页：本地资源标签页用于设置远程计算机可以使用本地的计算机的资源。

- 远程音频：用于设置远程计算机是否在本地计算机上播放音频或录制音频。

- 键盘：设置远程计算机是否响应本地计算机上的 Windows 组合键。

- 本地设备和资源：用于设置远程计算机是否使用本地计算机的打印机、剪贴板以及其他设备，如智能卡、驱动器等。

图 11-25

④体验标签页，可以通过选择连接速度来优化远程桌面的性能，如图 11-26 所示。

⑤高级标签页，可以设置与系统安全相关的高级设置，如图 11-27 所示。

图 11-26

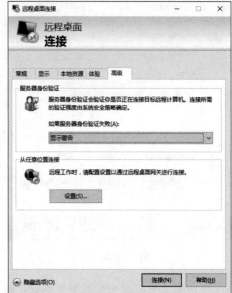

图 11-27

11.3　使用家庭组实现家庭共享

对于现在的家庭来说，拥有多台计算机已经不是新鲜事，有的家庭，为了区别工作和生活，会选择使用不同的计算机来进行。那么如果希望从这台计算机中传输文件到另外的计算机上，而两台计算机无法实现同步上网，该选择什么方式来进行传送？是 U 盘还是右键？笔者认为，实现多台计算机的共享，会让文件的传输变得更加的方便，特别是在文件比较大的时候，能节约不少的时间，Windows 10 提供了一种非常方便的共享文件的方法——家庭组功能。

11.3.1　创建家庭组

如果希望使用 Windows 10 的家庭组功能，需要先创建家庭组，具体操作步骤如下。

（1）鼠标右键单击任务栏左下角开始菜单栏图标，在弹出菜单列表中单击"控制面板"项，弹出窗口如图 11-28 所示。

（2）单击"网络和 Internet"选项中的"选择家庭组和共享选项"，弹出窗口如图 11-29 所示。

图 11-28

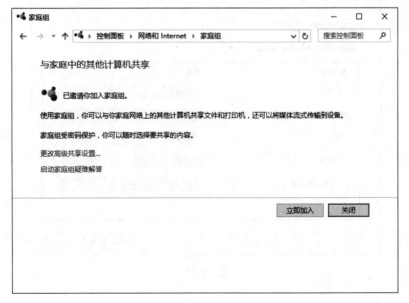

图 11-29

（3）单击"创建家庭组"按钮，弹出窗口如图 11-30 所示。

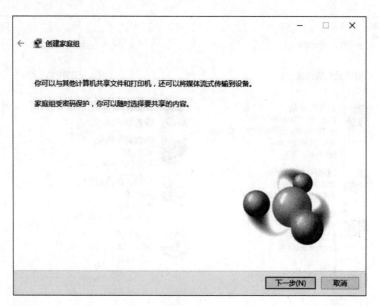

图 11-30

（4）单击"下一步"按钮，弹出窗口如图 11-31 所示。

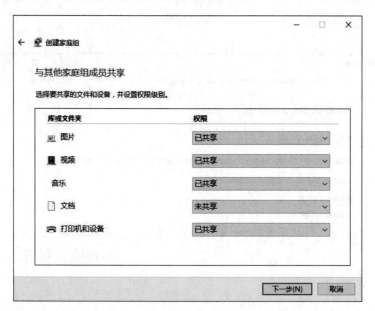

图 11-31

（5）选择需要共享的文件夹内容，单击"下一步"按钮，等待一段时间后，会弹出一个
　　　密码和相关的说明窗口，使用这个密码可以向家庭组添加其他计算机，如图 11-32
　　　所示。

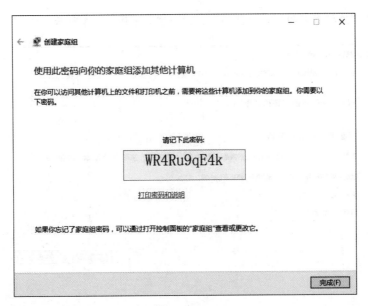

图 11-32

（6）单击"完成"按钮，完成家庭组的创建操作。

11.3.2 加入家庭组

（1）鼠标右键单击任务栏左下角的开始菜单图标 ■ ，在弹出菜单列表中单击"控制面板"
选项，弹出窗口如图 11-33 所示。

图 11-33

281

（2）单击"选择家庭组和共享选项"，弹出窗口如图11-34所示。

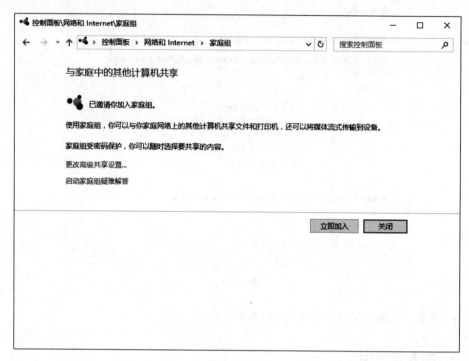

图 11-34

（3）单击"立即加入"按钮，弹出窗口如图11-35所示。

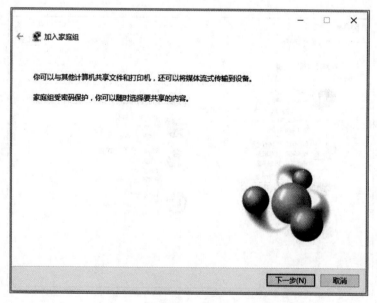

图 11-35

（4）单击"下一步"按钮，弹出窗口如图 11-36 所示。

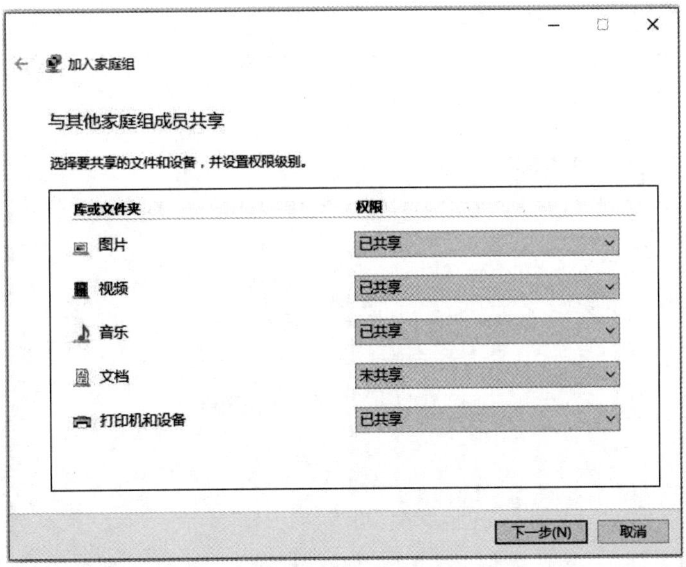

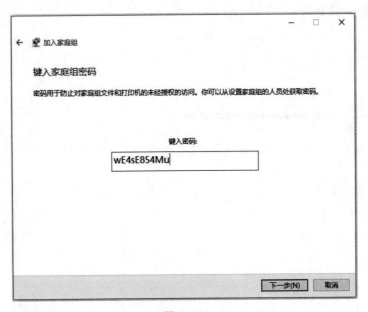

图 11-36

（5）在弹出的窗口中，可以单击下拉框选择与其他家庭组成员共享的内容，选择完成
后单击"下一步"按钮，弹出窗口如图 11-37 所示。

图 11-37

（6）填入家庭组的密码，密码可以从创建或加入家庭组的计算机上获取，填写完成后，单击"下一步"按钮，此时计算机会进入处理过程，需要耐心等待一段时间，如图 11-38 所示。

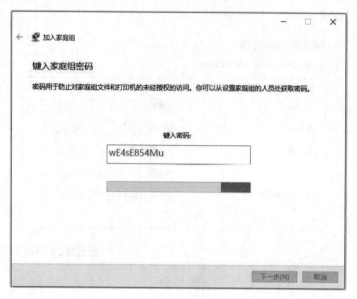

图 11-38

（7）计算机操作完成后，会弹出"你已加入家庭组"窗口，单击"完成"按钮，完成设置，如图 11-39 所示。

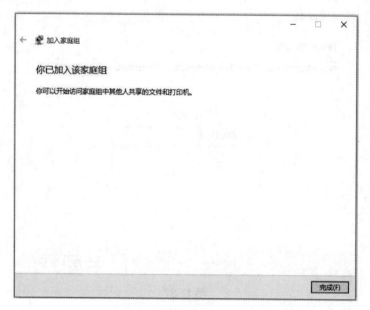

图 11-39

11.3.3 通过家庭组访问共享资源

加入家庭组以后，即可访问家庭组的共享资源。下面介绍如何使用共享内容，具体操作步骤如下。

（1）双击桌面上的"此电脑"图标，打开资源管理器，在窗口左侧的栏目中单击"家庭组"，然后双击右侧的家庭组名称，如图 11-40 所示。

图 11-40

（2）此时资源管理器窗口会打开家庭组，并在窗口内显示所有家庭组成员共享的内容。要查看内容，与自己计算机上操作一样，直接双击打开即可，如图 11-41 所示。

图 11-41

11.3.4 更改家庭组共享项目

如果有新的要共享的内容或者一些内容不需要继续共享，可以更改家庭组共享选项来更改共享的项目，具体操作步骤如下。

（1）打开控制面板，单击"选择家庭组和共享选项"，在弹出的窗口中单击"更改与家庭组共享的内容"，如图 11-42 所示。

图 11-42

（2）在弹出的窗口中，单击下拉框，然后将不需要共享的项目更改为"未共享"，将需要共享的项目更改为"已共享"，然后单击"下一步"按钮，如图 11-43 所示。

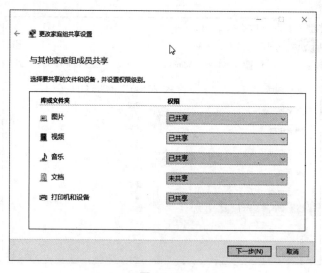

图 11-43

（3）稍后弹出"已更新你的共享设置"提示窗口，单击"完成"按钮，即可完成设置，如图 11-44 所示。

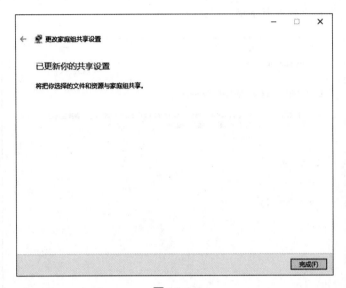

图 11-44

11.3.5　更改家庭组密码

（1）打开控制面板，单击"选择家庭组和共享选项"，在弹出的窗口中单击"选择家庭组和共享选项"，在窗口中单击"更改密码"选项，如图 11-45 所示。

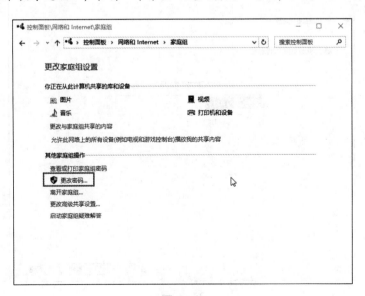

图 11-45

（2）然后会弹出一个提示，如图 11-46 所示。我们在更改密码时，一定要确保家庭组的所有计算机都打开且没有处于睡眠或休眠状态，更改密码后，请立即在家庭组的每台计算机上输入新密码。

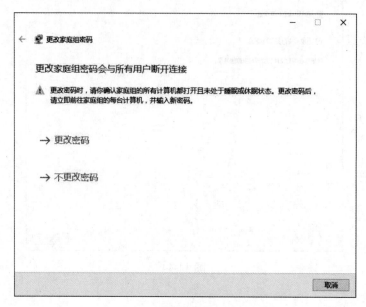

图 11-46

（3）单击"更改密码"，弹出窗口如图 11-47 所示。

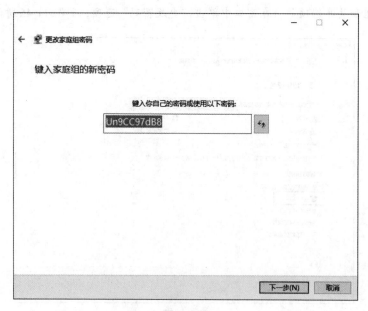

图 11-47

（4）输入新的密码或者使用系统提供的密码，单击"下一步"按钮，等待一段时间后，
计算机会弹出"更改家庭组密码成功"的提示，如图 11-48 所示。

图 11-48

（5）单击"完成"按钮，完成设置。

第 12 章

玩转 Cortana 助手

Windows 10 正式版中加入了 Cortana 助手功能。简单来说，它就是一项语音助手功能，类似于智能手机的语音功能，如大家熟知的 iPhone 中的 Siri。本章具体介绍如何使用 Cortana 助手。

12.1 血统源于 Windows Phone

Cortana 中文版最初发布于 Windows Phone 8.1 中，Cortana 可以说是微软在机器学习和人工智能领域方面的尝试，它会记录用户的行为和使用习惯，利用云计算、搜索引擎和"非结构化数据"分析，读取和"学习"包括手机中的文本文件、电子邮件、图片、视频等数据，来理解用户的语义和语境，从而实现人机交互。

Cortana 是微软发布的全球第一款个人智能助理，它能够了解用户的喜好和习惯，还可以帮助用户进行日程安排、问题回答等。

Cortana 的使用非常方便，用户甚至不需要键盘，只需要麦克风就可以和小娜交流。

12.2 启用 Cortana 助手功能

默认情况下，Windows 10 的 Cortana 功能是处于关闭状态的。下面介绍如何启用 Cortana 功能。

启用 Cortana 时，必须首先使用 Microsoft 账户登录 Windows 系统，然后才可以进行后续的操作。由于 Cortana 的功能与网络关联密切，必须连接 Internet 后才可以使用 Cortana 功能。

（1）单击任务栏上的搜索框，弹出窗口如图 12-1 所示。

（2）单击左侧的小圆圈图标，窗口如图 12-2 所示。

图 12-1

图 12-2

（3）单击"使用 Cortana"按钮，窗口如图 12-3 所示。

（4）在弹出的 Microsoft 账户登录的提示窗口中，单击"登录"按钮，如图 12-4 所示。

图 12-3   图 12-4

（5）在弹出登录对话框中，选择登录的账户，如图 12-5 所示。

（6）选择后等待一段时间即可使用 Cortana，如图 12-6 所示。

图 12-5

图 12-6

12.3　启动 Cortana

Cortana 的启动非常方便，下面是几种常用的方法。

（1）一般情况下，只需要单击任务栏上的 Cortana 搜索框就可以启动 Cortana，如图 12-7 所示。

图 12-7

（2）同时按下键盘上的 Win 键和 S 键启动 Cortana。

（3）如果计算机上安装了麦克风并开启，直接喊"你好小娜"启动 Cortana。

12.4　设置 Cortana 选项

可以对 Cortana 进行相关的设置以更符合用户的使用习惯，具体操作步骤如下。

（1）单击任务栏上的 Cortana 搜索框，在弹出的 Cortana 界面中单击左侧笔记本样式的
图标，然后单击右侧的"设置"按钮，如图 12-8 所示。

（2）在右侧窗口中，可以根据各个选项对 Cortana 进行个性化的设置，如设置是否打开
Cortana 建议相关开关，设置 Cortana 图标样式，设置"你好小娜"语音实时响应
开关等，如图 12-9 所示。

图 12-8

图 12-9

12.5　体验 Cortana 强大的功能

借助微软强大的开发能力，Cortana 拥有很强大的功能。Cortana 不仅是简单的助理，还
拥有其他多种多样的功能。

一、调取用户的应用和文件

Cortana 可以帮助用户快速查找需要的应用程序和储存在计算机上的文件，例如，需要

使用画图程序时，可以直接在 Cortana 搜索框中输入"画图"两个字符，Cortana 会自动搜索这个程序并显示出来，用户可以直接在搜索结果中单击来打开这个应用，如图 12-10 所示。

二、管理用户的日历

用户可以通过 Cortana 为日历添加事件和提醒来管理自己的日历，例如安排第二天开会，则可以直接在 Cortana 搜索栏输入"明天开会"，Cortana 会提示用户创建日历事件，如图 12-11 所示。

图 12-10

图 12-11

这时候用户单击"创建日历事件"选项，会弹出一个对话框，用户可以对其进行编辑，然后单击"添加"按钮，如图 12-12 所示。

稍后会弹出窗口，提示日历已经添加，如图 12-13 所示。

图 12-12

图 12-13

三、单位的转换（重量，尺寸，货币）

Cortana 还可以帮助用户进行单位的转换。例如，用户希望知道英里和千米的转换时，可以在 Cortana 搜索栏里输入"1 英里等于多少千米"，然后按 $\boxed{\text{Enter}}$ 键，Cortana 会自动帮助用户打开网页进行搜索，如图 12-14 所示。

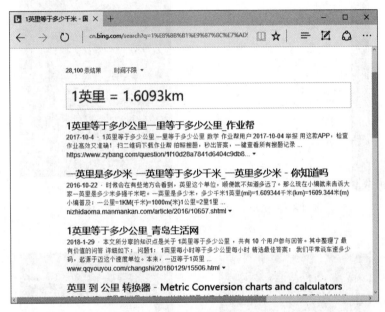

图 12-14

四、查找相关信息

Cortana 还可以帮助用户查找很多日常生活中的相关信息，如天气预报。用户只需要在 Cortana 搜索栏里输入"天气预报"，然后按 $\boxed{\text{Enter}}$ 键，Cortana 会自动显示当地天气预报，如图 12-15 所示。

五、根据时间提醒用户相关事项

Cortana 还可以根据用户设定的时间到时候提醒用户，如用户在 Cortana 搜索栏里输入"1 小时后提醒我关闭烤箱"，然后按 $\boxed{\text{Enter}}$ 键，Cortana 会自动创建一个提醒，如图 12-16 所示。

设置完成后，Cortana 会提示用户提醒已创建，如图 12-17 所示。

六、翻译语言

Cortana 还可以帮助用户翻译语言，例如用户希望知道"苹果"的英语，可以在 Cortana 搜索栏里输入"苹果用英语怎么说"，然后按 $\boxed{\text{Enter}}$ 键，Cortana 会告诉用户"苹果"的英语说法，如图 12-18 所示。

图 12-15

图 12-16

图 12-17

图 12-18

七、播放音乐

Cortana 还可以自动播放本地计算机上的音乐和音乐列表，例如在 Cortana 搜索栏输入"播放我的音乐列表"，然后按 Enter 键，Cortana 会启动 Windows Media Player 来播放"我的播放列表"里的文件，如图 12-19 所示。

图 12-19

第13章

优化 Windows 10

目前市面上新上市的计算机，除苹果自带独有的苹果操作系统外，基本均预装最新版本的 Windows 10 操作系统。俗话说，工欲善其事，必先利其器，用户可以通过一些简单操作，让 Windows 10 能工作得更好，体验计算机极速飞奔的感觉。

13.1 磁盘的优化

计算机磁盘是所有文件存储的位置，磁盘的性能直接影响到整个计算机的性能。因此优化计算机硬盘，加快硬盘速度，可以提高系统运行速度，让操作系统更快更稳。

13.1.1 清理磁盘

计算机运行过程中会产生许多的临时文件，当计算机使用长时间之后，大多数人会发现 Windows 会越来越慢，而且系统盘空间也慢慢地变满，这时候可以使用磁盘清理工具来清理磁盘，具体操作步骤如下。

（1）双击桌面上的"此电脑"图标，在打开的资源管理器窗口中打开需要清理的磁盘，窗口如图 13-1 所示。

图 13-1

（2）单击窗口上方的"管理"标签页，单击"清理"选项，如图 13-2 所示。

（3）计算机会开始扫描此磁盘上可以清理的文件，如图 13-3 所示。

（4）扫描完成后，会弹出结果窗口，可以在要删除的文件栏目内勾选要删除的文件，如图 13-4 所示。

图 13-2

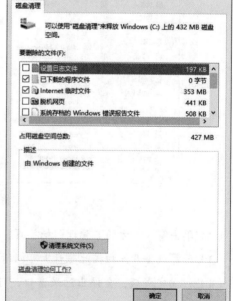

图 13-3

图 13-4

（5）单击"确定"按钮，完成清理。

（6）如果要清理系统文件，可以单击"清理系统文件"按钮，单击"确定"按钮，弹出窗口如图 13-5 所示。

图 13-5

（7）单击"删除文件"按钮，完成清理。

13.1.2 磁盘碎片整理

磁盘使用长时间之后，就会产生很多的碎片，如果不加以整理，就会让计算机越来越慢，也会让磁盘可用空间越来越小。那么 Windows 10 应该如何整理磁盘碎片呢？具体操作步骤如下。

（1）双击桌面上的"此电脑"图标，然后在打开的资源管理器窗口打开需要清理的磁盘，单击窗口上方的"管理"标签页，单击"优化"选项，运行优化驱动器程序，如图 13-6 所示。

图 13-6

（2）弹出窗口如图 13-7 所示。

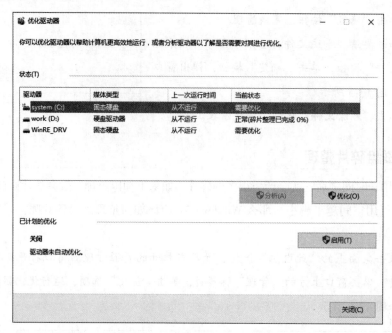

图 13-7

（3）选择需要优化的磁盘，单击"优化"按钮，即可开始进行磁盘优化，如图 13-8 所示。

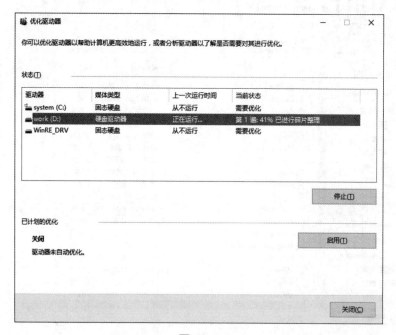

图 13-8

（4）单击"启用"按钮，弹出窗口如图 13-9 所示，可以自定义自动优化的时间计划。

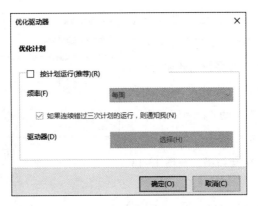

图 13-9

13.1.3 磁盘检查

随着硬盘盘片转速的不断提高和存储密度的不断增大，硬盘也变得越来越脆弱。磁盘性能是影响系统使用效率的一个重要因素，Windows 10 系统自带了磁盘错误检查的工具，可以让用户维护磁盘的性能。下面具体介绍如何进行磁盘错误检查。

（1）双击桌面上的"此电脑"图标，打开资源管理器，然后右键单击要检查的磁盘，在弹出的快捷菜单中，单击"属性"选项，弹出窗口如图 13-10 所示。

（2）单击"工具"标签页，窗口如图 13-11 所示。

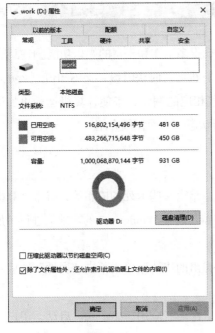

图 13-10

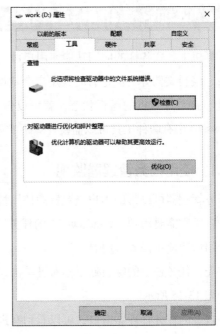

图 13-11

（3）单击"检查"按钮，运行磁盘检查程序，如果之前磁盘没有出现错误，则系统会提示不需要扫描此驱动器，如图 13-12 所示，此时用户可以手动扫描，单击下方的"扫描驱动器"选项，如图 13-12 所示。

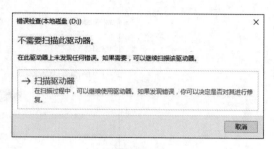

图 13-12

（4）程序开始进行磁盘扫描，如图 13-13 所示。

（5）等待扫描完成后，会弹出扫描结果窗口，用户可以单击下方的"显示详细信息"来显示磁盘扫描的详细信息，如图 13-14 所示。

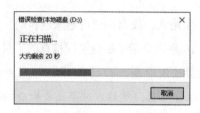

图 13-13

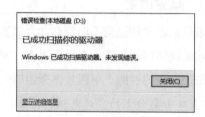

图 13-14

13.2 监视计算机的运行状态

计算机上各式各样的应用功能使用户可以完成很多工作和丰富的娱乐功能。比如看电影、玩游戏、编辑文档等。但是有时候用户会觉得计算机运行时快时慢，又不知道怎么办才好，如果能够查看计算机的运行状态，就可以做一些相应的调整，来使计算机运行更加流畅。Windows 10 中有两种工具可以监视计算机的运行状态，下面详细介绍。

13.2.1 使用任务管理器监视

任务管理器可以帮助用户查看资源使用情况，结束一些卡死的应用等，日常计算机使用与维护中经常需要用到。Windows 10 的任务管理器功能在 Windows 7 的基础上进行了加强，下面介绍如何使用任务管理器。

首先在任务栏上的空白处鼠标右键单击，在弹出的快捷菜单中单击"属性"选项，弹出窗口如图 13-15 所示。

在打开的任务管理器窗口，可以看到有进程、性能、应用历史记录、启动、用户、详细信息、服务 7 个标签页。

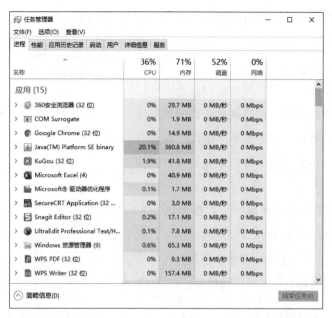

图 13-15

（1）进程标签页：进程标签页主要显示当前计算机上运行的程序的进程信息。进程在此被分成两类，分别是打开的应用和后台运行的进程，每个进程都显示了相关的 CPU、内存、磁盘、网络的使用信息，如图 13-16 所示。

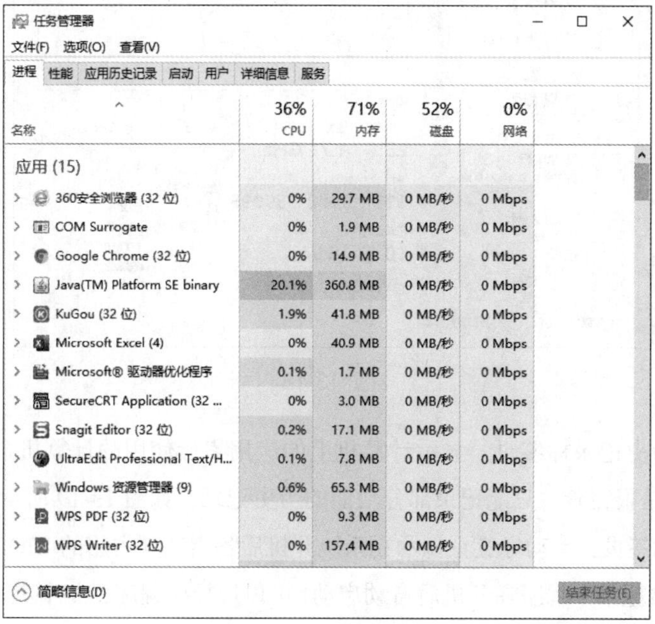

图 13-16

可以根据名称进行排序来查看具体的信息，也可以根据 CPU、内存、磁盘、网络的使用情况来排序查看每个进程的信息。

如果只是希望查看当前打开的应用信息，可以单击左下角的"简略信息"按钮来显示最简单的信息，简略信息界面如图 13-17 所示。在这个界面可以单击左下角的"详细信息"按钮来显示完整的任务管理器窗口。

（2）性能标签页：性能标签页以折线图的形式来显示 CPU、内存、硬盘和以太网的使用率，默认显示的是 CPU 的使用率曲线和详细信息，可以单击左侧的标签来切换显示其他硬件的信息，如图 13-18 所示。

图 13-17

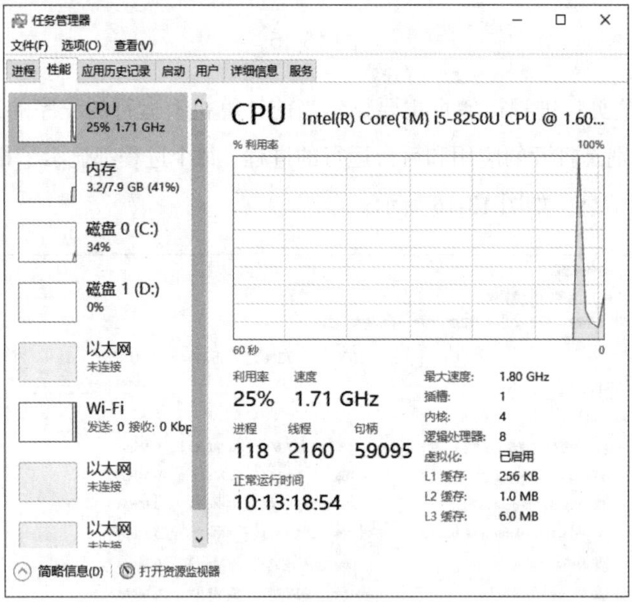

图 13-18

（3）应用历史记录标签页：显示计算机上的应用累计使用的计算机资源情况。目前历史记录功能还不是很完善，只能记录部分功能的历史记录，如图 13-19 所示。

（4）启动标签页：启动标签页显示在系统开机后各启动项占用的 BIOS 时间以及对启动的影响。如果不希望某个程序在开机后自动启动，可以选择该程序，然后单击右下角的"禁用"按钮，如图 13-20 所示。

任务管理器
文件(F) 选项(O) 查看(V)
进程 性能 应用历史记录 启动 用户 详细信息 服务
自 2019/4/27 星期六 以来，当前用户帐户的资源使用情况。
删除使用情况历史记录
名称 CPU 时间 网络 按流量计费的网... 磁贴更新
无可用数据
简略信息(D)

图 13-19

任务管理器
文件(F) 选项(O) 查看(V)
进程 性能 应用历史记录 启动 用户 详细信息 服务
上次 BIOS 所用时间： 6.0 秒
名称 发布者 状态 启动影响
360安全浏览器 服务组件 360.cn 已启用 未计量
360安全卫士 安全防护中心... 360.cn 已启用 未计量
360安全卫士 安全防护中心... 360.cn 已启用 未计量
360杀毒 启动程序 360.cn 已启用 未计量
CTF 加载程序 Microsoft Corporation 已启用 未计量
Init VPN Install Manager Array Networks 已启用 未计量
Init VPN Install Manager Array Networks 已启用 未计量
Logitech SetPoint Event ... Logitech, Inc. 已启用 未计量
Snagit TechSmith Corporation 已启用 未计量
SSL VPN Client For Windo... Array Networks 已启用 未计量
TypeAndRun 4.6.1 for Wi... Evgeniy Galanstev 已启用 未计量
简略信息(D)
禁用(A)

图 13-20

（5）用户标签页：用户标签页按用户显示资源的占用情况，如图 13-21 所示。

图 13-21

（6）详细信息标签页：该页显示当前运行的进程的详细信息，包含进程名称、PID、状态、运行此进程的用户名、CPU、内存、该进程的描述，如图 13-22 所示。

图 13-22

（7）服务标签页：服务标签页列出计算机上的服务名称以及这些服务当前的运行状态，如图 13-23 所示。

图 13-23

13.2.2 使用资源监视器监视

除了任务管理器外，资源监视器也是监视计算机运行状态的重要工具，下面详细介绍如何使用资源监视器。

单击开始按钮右侧的搜索框，在搜索框内输入"资源监视器"，然后在搜索结果中单击"资源监视器"来打开资源监视器应用，如图 13-24 所示。

资源管理器共有概述、CPU、内存、磁盘、网络 5 个标签页。

（1）概述标签页：概述标签页显示的是整个计算机资源使用的概述，左侧是 CPU、内存、硬盘、网络使用的列表信息，右侧是以图形的方式显示的信息，单击左侧的相关栏目可以展开并查看详细信息，如图 13-25 所示。

（2）CPU 标签页：CPU 标签页显示 CPU 的使用率。左侧分为进程、服务、关联的句柄、关联的模块 4 个栏目，勾选进程可以查看关联的句柄和关联的模块的信息；右侧显示的是 CPU 的总体使用率曲线和 CPU 各个核心的使用率曲线，如图 13-26 所示。

309

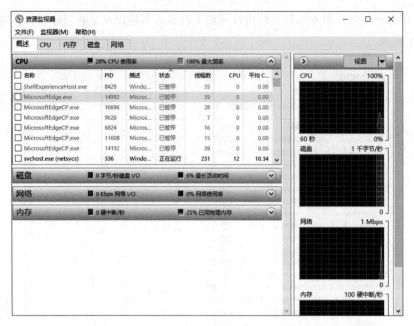

图 13-24

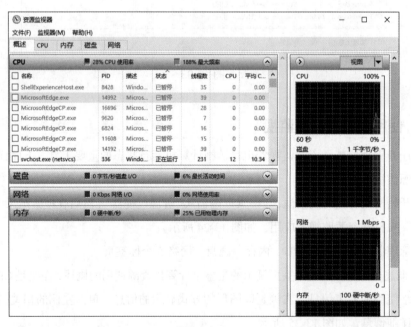

图 13-25

（3）内存标签页：左侧是内存使用的详细信息，表中列出了每个进程的使用情况，下方则是计算机全部内存的分配情况；右侧是内存使用的图示，如图 13-27 所示。

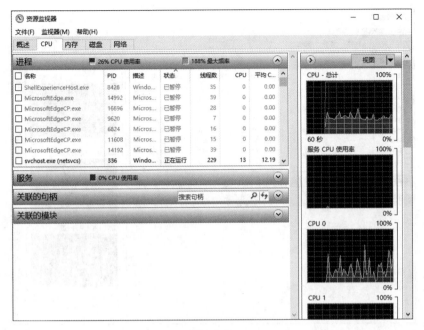

图 13-26

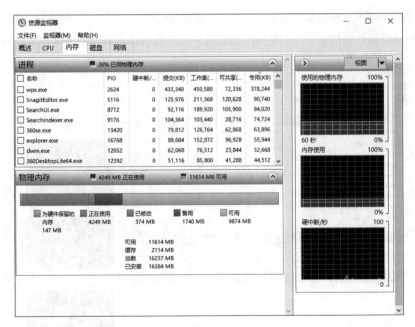

图 13-27

（4）磁盘标签页：磁盘标签页显示磁盘的详细使用信息，左侧显示的是进程的读写信息，右侧是以图形的形式显示的磁盘读写速率的信息，如图 13-28 所示。

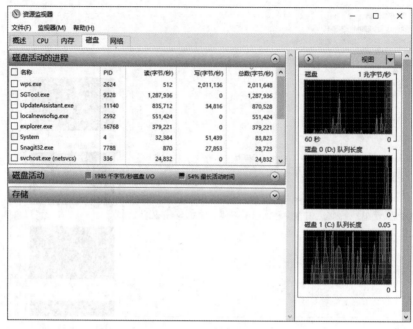

图 13-28

（5）网络标签页：网络标签页显示的是各个进程的网络活动信息，左侧是各进程网络活动、TCP 连接和侦听端口的信息，右侧是以图形形式显示的网络带宽的使用情况，如图 13-29 所示。

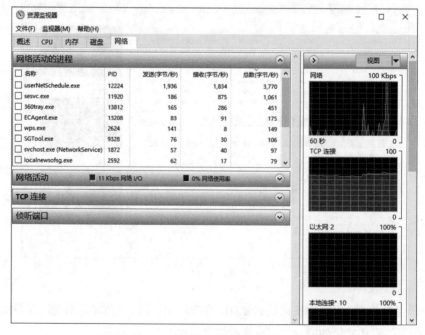

图 13-29

13.3 Windows 10 自带的优化设置

计算机使用一段时间后，运行速度会越来越慢，这时候就需要对计算机进行一些优化设置。Windows 10 提供了优化设置的相关工具，下面详细介绍。

13.3.1 优化开机速度

如果计算机的开机速度比平时慢很多，可以打开任务管理器来禁用部分影响开机速度的应用，具体操作步骤如下。

在任务栏空白处单击鼠标右键，在弹出的快捷菜单中单击"任务管理器"选项，打开任务管理器窗口，然后单击"启动"标签页。这个标签页列出了每个启动进程对启动的影响，选择影响为高的应用，然后单击下方的"禁用"按钮，如图 13-30 所示。

图 13-30

13.3.2 优化视觉效果

使用计算机时有一个好的视觉体验，很多时候能够让用户的感观很舒服，感到很舒心。其实 Windows 10 系统中的很多视觉特效是可以灵活选择设置的，比如淡入淡出、透明玻璃、窗口阴影、鼠标阴影等，进行一些优化设置，能让 Windows 10 系统资源占用更少、跑得更快，还是值得的。下面介绍如何手动设置 Windows 10 系统视觉效果的各项细节。

（1）右键单击桌面上的"此电脑"图标，在弹出的快捷菜单中单击"属性"选项，弹出窗口如图 13-31 所示。

图 13-31

（2）单击窗口左侧的"高级系统设置"，弹出窗口如图 13-32 所示。

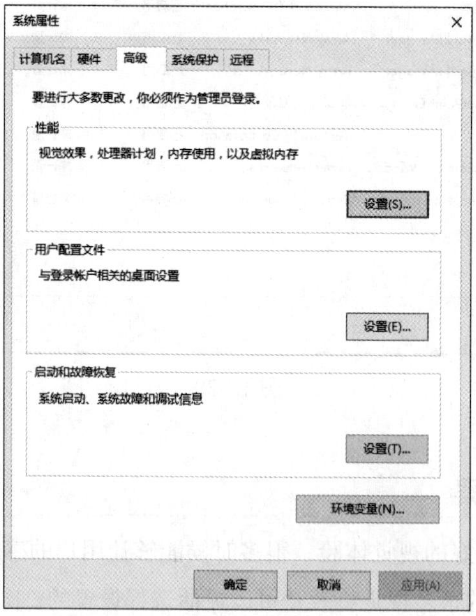

图 13-32

314

（3）在"高级"标签页的"性能"区域，单击"设置"按钮，弹出窗口如图 13-33 所示。

视觉效果标签页里面有很多选项，系统默认的设置是"让 Windows 选择计算机的最佳设置"，用户可以根据自己的需要来进行设置。如果计算机性能比较强大，可以选择"调整为最佳外观"，这样可以获得最好的视觉效果。如果计算机比较老或者性能不是很好，可以选择"调整为最佳性能"，这样可以不要视觉效果，让计算机的全部处理能力用在其他地方。还可以选择"自定义"选项，选择后，用户可以根据自己的喜好来选择具体的视觉效果。如图 13-34 所示。

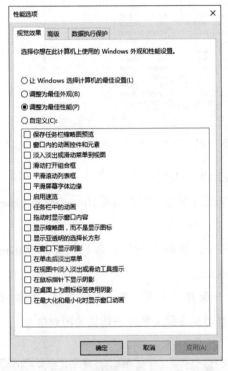

图 13-33

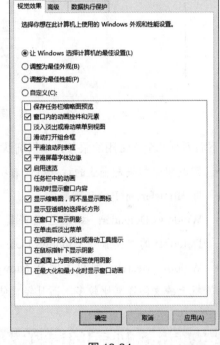

图 13-34

13.3.3 优化系统服务

Windows 10 系统的功能非常庞大，用户很少能够使用它全部的功能。如果把不使用的功能关闭，则可以提高计算机的运行速度，具体操作步骤如下。

单击任务栏上的搜索框，然后输入"服务"，在弹出的搜索结果中单击"服务"来打开"窗口"，如图 13-35 所示。

在"服务"窗口内，可以单击选中相应的服务，然后单击上方工具栏上的"■"按钮来停止此服务。

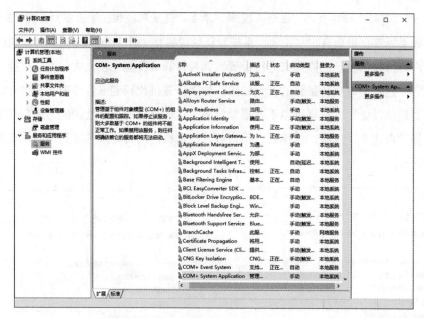

图 13-35

下面列举几个不常用的服务，如果确认不使用时可以关闭。

- 家庭组：如果是企业的计算机或者不需要家庭组服务，可以关闭 HomeGroup Listener 和 HomeGroup Provider 服务。

- Windows Defender：如果已经安装了第三方的防病毒软件，则可以关闭 Windows Defender 的相关服务 Windows Defender Service。

- Windows Search：可以关闭 Windows Search 服务来提高计算机运行速度。如果计算机上的文件资料比较多，而且经常使用搜索功能查找文件，不建议关闭此服务。

13.4 使用注册表编辑器优化系统

注册表编辑器在计算机运用中使用非常广泛，每个软件的安装都有注册表的生成，所以通过修改注册表还可以起到设置软件参数和优化系统设置的作用。

需要提醒的是，注册表里面许多数据是系统运行的关键数据，在没有弄明白这些数据的用途之前，不要轻易修改和删除这些数据，以免造成系统崩溃。

13.4.1 启动注册表编辑器

启动注册表编辑器并不复杂，同时按键盘上的 Win + R 组合键，弹出"运行"对话框，然后在"运行"对话框内输入"regedit"，并按 Enter 键，如图 13-36 所示。

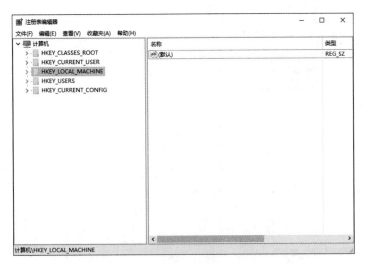

图 13-36

注册表编辑器界面左侧有 5 个分支。

（1）HKEY_CLASSES_ROOT：包含了所有已装载的应用程序、OLE 或 DDE 信息，以及所有文件类型信息。

（2）HKEY_CURRENT_USER：记录了有关登录计算机网络的特定用户的设置和配置信息。

（3）HKEY_LOCAL_MACHINE：存储了 Windows 开始运行的全部信息。即插即用设备信息、设备驱动器信息等都通过应用程序存储在此。

（4）HKEY_USERS：描述了所有与当前计算机联网的用户简表。

（5）HKEY_CURRENT_CONFIG：记录了包括字体、打印机和当前系统的有关信息。

13.4.2 加快关机速度

Windows 10 系统在关机速度上有了显著的提升，不过，对于某些用户而言，这样的关机速度还是不能满足实际的使用需要，那么有什么办法能够再为 Windows 10 关机提速呢？可以通过修改注册表的方式实现，具体操作步骤如下。

（1）同时按键盘上的 Win + R 组合键，弹出"运行"对话框，然后在"运行"对话框内输入"regedit"，并按 Enter 键，如图 13-37 所示。

（2）依次展开 HKEY_LOCAL_MACHINE\SYSTEM\CurrentControlSet\Control，如图 13-38 所示。

（3）在右侧窗口内，找到"WaitToKillServiceTimeOut"字符串值并双击打开，如图 13-39 所示。

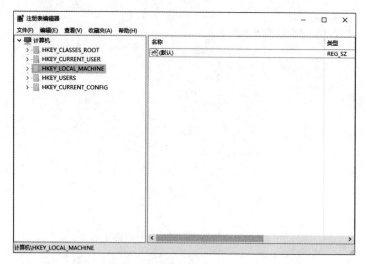

图 13-37

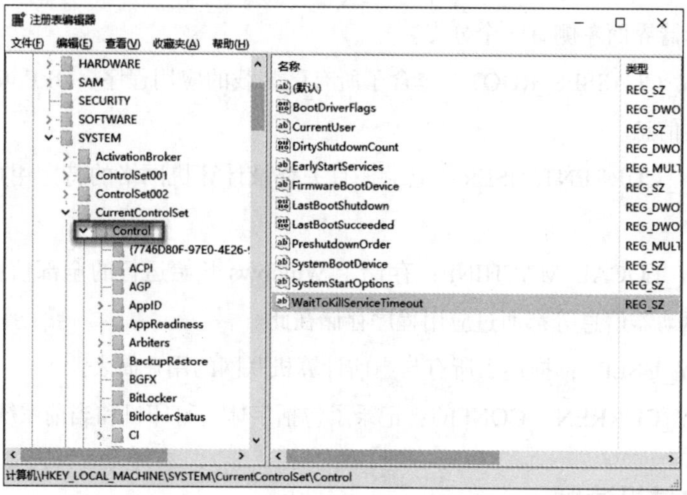

图 13-38

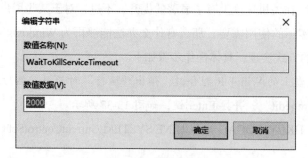

图 13-39

（4）在弹出的对话框中，将数值从 2000 改为 1000，然后单击"确定"按钮，完成设置。

13.4.3 加快系统预读能力

计算机的开机速度往往是人们最为关心的话题，都希望自己的计算机开机速度快，有的计算机开机几十秒甚至几秒，它们是如何做到的呢？修改注册表中的一个项，加快系统的预读能力，就能提高开机速度，具体操作步骤如下。

（1）同时按下键盘上的 Win + R 组合键，弹出"运行"对话框，然后在"运行"对话框内输入"regedit"，并按 Enter 键，如图 13-40 所示。

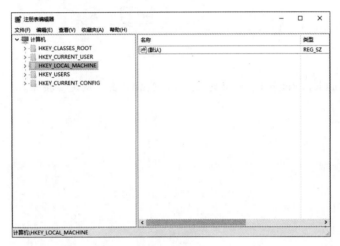

图 13-40

（2）依次展开 HKEY_LOCAL_MACHINE\SYSTEM\CurrentControlSet\Control\SessionManager\MemoryManagement\PrefetchParamenters，如图 13-41 所示。

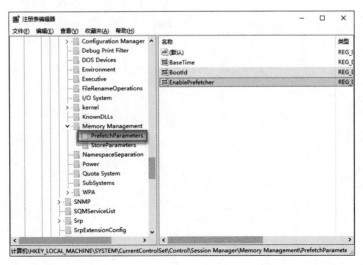

图 13-41

319

（3）在右侧窗口内找到"EnablePrefetcher"字符串值并双击打开，如图 13-42 所示。

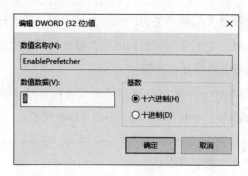

图 13-42

（4）将"EnablePrefetcher"的值更改为 1，然后单击"确定"按钮。

第 14 章

Hyper-V 虚拟化

虚拟化是一种资源管理技术，是将计算机的各种实体资源，如服务器、网络、内存及存储等，予以抽象、转换后呈现，打破实体结构间不可切割的障碍，使用户可以比原本的组态更好的方式来应用这些资源，这些资源的新虚拟部分是不受现有资源的架设方式、地域或物理组态所限制的。虚拟化技术被广泛应用于各种环境，可以有效地提高计算机硬件资源的利用率，我们平时最常提到的是 VMWARE 和 Virtual PC 这两个软件，其实 Windows 10 操作系统也附带了一个虚拟化平台，那就是 Hyper-V。本章介绍 Hyper-V 的使用。

14.1 Hyper-V 概述

Hyper-V 是微软提出的一种系统管理程序虚拟化技术，在 2008 年与 Windows Server 2008 同时发布，Windows 10 操作系统中集成的 Hyper-V 版本为 4.0 版本。

Hyper-V 设计的目的是为用户提供更为熟悉以及成本效益比更高的虚拟化基础设施软件，这样可以降低运作成本、提高硬件利用率、优化基础设施并提高服务器的可用性。

Hyper-V 采用微内核的架构，兼顾了安全性和性能的要求。Hyper-V 底层的 Hypervisor 运行在最高的特权级别下，微软将其称为 ring 1（而 Intel 则将其称为 root mode），而虚拟机的 OS 内核和驱动运行在 ring 0，应用程序运行在 ring 3 下，这种架构就不需要采用复杂的技术，可以进一步提高安全性。

开启 Hyper-V 的系统要求如下。

（1）Intel 或者 AMD 的 64 位处理器。

（2）CPU 支持硬件虚拟化，且该功能处于开启状态。

（3）CPU 必须具备硬件的数据执行保护（DEP）功能，而且该功能必须处于开启状态。

（4）物理内存最少为 2GB。

14.1.1 开启 Hyper-V

由于 Hyper-V 功能默认状态下没有安装，所以需要先将其添加到 Windows 10 系统中。具体操作步骤如下。

（1）右键单击 ⊞ 图标，在弹出菜单中选择"控制面板"命令，弹出的窗口如图 14-1 所示。

图 14-1

（2）选择"程序"选项，弹出的窗口如图 14-2 所示。

图 14-2

（3）在窗口右侧的"程序和功能"区域，选择"启用或关闭 Windows 功能"选项，弹出的窗口如图 14-3 所示。

（4）在打开的"Windows 功能"窗口中勾选"Hyper-V"选项，如图 14-4 所示。

图 14-3

图 14-4

（5）单击"确定"按钮，稍后 Windows 会进入安装过程，如图 14-5 所示。

（6）经过一段时间的等待之后，系统提示"Windows 已经完成请求的更改"，如图 14-6 所示，单击"关闭"按钮，完成设置。

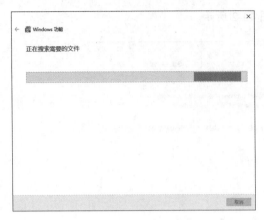

图 14-5 图 14-6

14.1.2 创建虚拟机

开启 Hyper-V 功能后，即可创建虚拟机，具体操作步骤如下。

（1）单击 ▦ 图标，选择"所有应用"命令，在弹出的菜单栏中找到 W 开头文件夹并展
开"Windows 管理工具"，然后选择"Hyper-V 管理器"，如图 14-7 所示。

图 14-7

（2）在"Hyper-V 管理器"窗口内，右键单击左侧展开的服务器，在弹出的快捷菜单中
依次选择"新建"-"虚拟机"菜单，如图 14-8 所示。

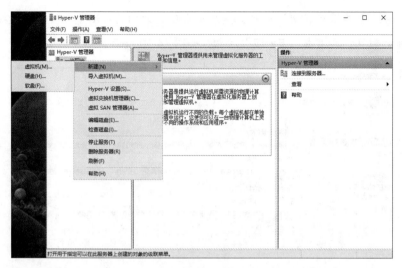

图 14-8

（3）在弹出的窗口中，有关于 Hyper-V 虚拟机的相关介绍和创建 Hyper-V 虚拟机的注
意事项，如果用户后续会创建多个虚拟机，则可以勾选下方的"不再显示此页"，
那么用户下次创建虚拟机时，就不需要重复查看这些信息，单击"下一步"按钮，
如图 14-9 所示。

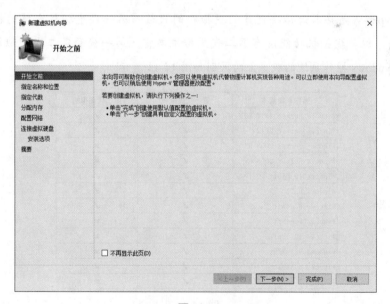

图 14-9

（4）在弹出的窗口中，可以在名称栏输入虚拟机的名称，Hyper-V 虚拟机的默认存储位
置在 C 盘目录下，如果 C 盘空间不足或者需要放置在其他位置，可以勾选"将虚

拟机存储在其他位置"选项，然后单击位置右侧的"浏览"按钮来选择存储虚拟机的位置，再单击"下一步"按钮，如图 14-10 所示。

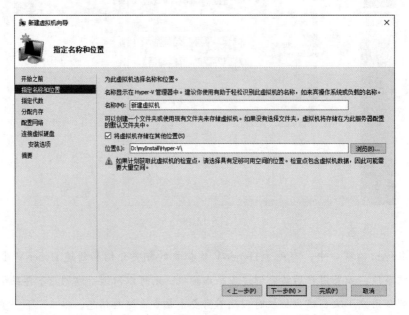

图 14-10

（5）Hyper-V 会要求选择要创建的虚拟机的代数，第一代虚拟机支持的操作系统较多，但是虚拟机功能没有第二代虚拟机丰富。第一代和第二代虚拟机在支持的Windows 操作系统的版本上的区别如图 14-11 所示。

操作系统版本	第一代虚拟机	第二代虚拟机
Windows Server 2012 R2	✓	✓
Windows Server 2012	✓	✓
Windows Server 2008 R2	✓	✗
Windows Server 2008	✓	✗
Windows 10 64bit	✓	✓
Windows 8.1	✓	✓
Windows 8 64bit	✓	✓
Windows 7 64bit	✓	✗
Windows 10 32bit	✓	✗
Windows 8.1 32bit	✓	✗
Windows 8 32bit	✓	✗
Windows 7 32bit	✓	✗

图 14-11

以选择兼容性较好的第一代虚拟机作为示例，选中"第一代"，单击"下一步"按钮，如图 14-12 所示。

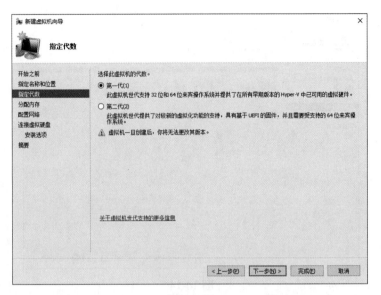

图 14-12

（6）在"分配内存"界面中，在"启动内存"右侧的文本框内输入设置的启动内存的大小，为了虚拟机运行的速度，应当尽量将内存设置得大一些。此外，还可以勾选"为此虚拟机使用动态内存"，这样 Hyper-V 会根据虚拟机的情况自动调整虚拟机占用的计算机内存的大小，设置完成后单击"下一步"按钮，如图 14-13 所示。

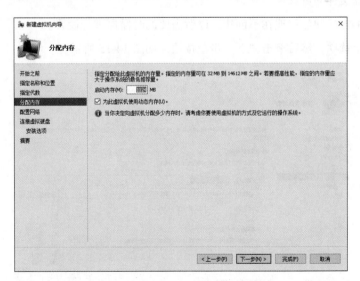

图 14-13

（7）在"配置网络"界面中，选择网络适配器的配置，第一次创建虚拟机时，系统默认为"未连接"，单击"下一步"按钮，如图 14-14 所示。

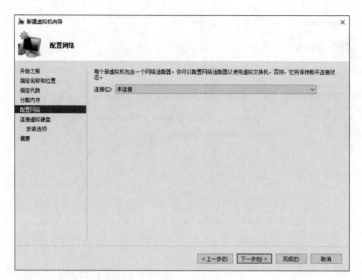

图 14-14

（8）配置虚拟机的硬盘，Hyper-V 提供了 3 种选择。

①创建虚拟硬盘：现在就创建虚拟硬盘，并设置虚拟硬盘的大小和虚拟硬盘文件存放的位置。

②使用现有虚拟硬盘：如果之前创建过虚拟硬盘，那么可以选择此选项，然后选择之前创建的虚拟硬盘文件即可。

③以后附加虚拟硬盘：现在不创建，以后需要的时候再进行设置。

选择第一个选项，然后单击"下一步"按钮，如图 14-15 所示。

图 14-15

（9）接下来 Hyper-V 会提示是否安装操作系统，系统提供了 4 种选项，用户可以根据
自己的需要进行选择。此处选择"以后安装操作系统"，然后单击"下一步"按钮，
如图 14-16 所示。

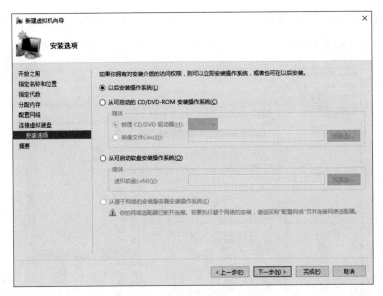

图 14-16

（10）稍后 Hyper-V 会弹出虚拟机设置完成的界面，显示虚拟机的基本信息，单击"完成"
按钮，如图 14-17 所示，等待一段时间后，Hyper-V 即完成对虚拟机的创建。

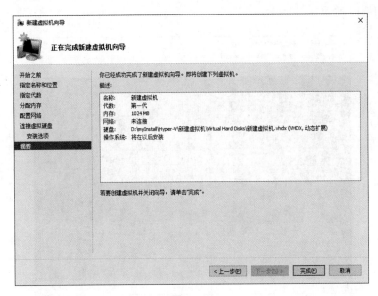

图 14-17

14.1.3　虚拟机安装操作系统

虚拟机创建完成后，相当于创建了硬件，用户需要安装操作系统后才可以使用虚拟机完成其他的任务。下面介绍虚拟机安装操作系统的方法。

（1）将 Windows 系统的安装光盘放入计算机的光驱中，然后在 Hyper-V 的主界面选择刚才创建的虚拟机，单击主界面右侧的"连接"，如图 14-18 所示。

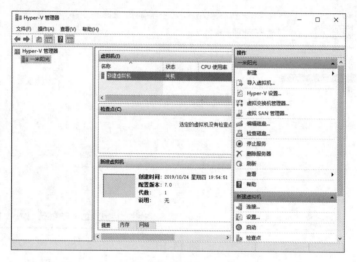

图 14-18

（2）在弹出的虚拟机主界面，可以按照屏幕提示，单击窗口上方的"启动"按钮，如图 14-19 所示。

图 14-19

（3）虚拟机会从光盘启动，加载 Windows 安装程序，进入 Windows 安装过程。此后的安装方式与在本地计算机上安装方式一致，此处不再赘述。

14.1.4　管理和设置虚拟机

虚拟机创建完成后，还可以对虚拟机进行管理和设置操作。当选中虚拟机后，Hyper-V主界面右侧下方会有相关的管理菜单，如图 14-20 所示，下面详细介绍各个菜单的功能。

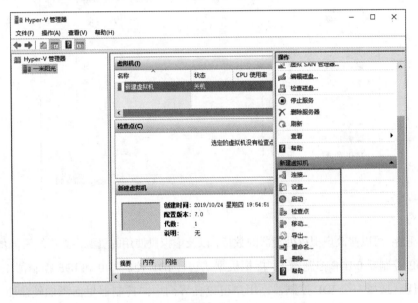

图 14-20

（1）连接：单击后会连接到虚拟机并打开虚拟机主界面。

（2）设置：单击后会打开虚拟机的设置窗口，设置窗口可以对虚拟机的参数进行设置，如图 14-21 所示，设置窗口的左侧是各个选项，分为"硬件"和"管理"两个部分。

硬件部分的设置项如下。

①添加硬件：可以添加设备到虚拟机，Hyper-V 提供了 SCSI 控制器、网络适配器、RemoteFX 3D 视频适配器、旧版网络适配器、光纤通道适配器 5 种设备，用户可以根据需要进行添加和设置。

② BIOS：可以选择虚拟机启动设备的顺序，选中项目后单击右侧的"上移"或"下移"按钮可以调整启动设备的顺序。

③内存：设置虚拟机的内存选项。用户可以指定虚拟机可以使用的内存容量，还可以启用动态内存并设定动态内存的最小值和最大值。另外，用户还可以设置内存缓冲区的百分比以及虚拟机内存分配的优先级。

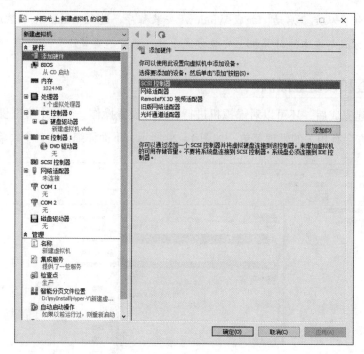

图 14-21

④处理器：可以修改虚拟机处理器的数量，以及虚拟机使用的资源占总系统资源的百分比。

⑤ IDE 控制器 0/IDE 控制器 1：虚拟机默认包含 IDE 控制器 0 和 IDE 控制器 1 两个 IDE 控制器，任意选择一个 IDE 控制器，用户可以在界面中向控制器里面添加硬盘驱动器或者 DVD 驱动器，展开 IDE 控制器 0 或 IDE 控制器 1，可以看到控制器下面的驱动器。驱动器有硬盘驱动器和 DVD 驱动器两种类型。单击硬盘驱动器可以修改此驱动器所在的 IDE 所在的控制器和控制器的位置，以及新建、编辑、检查或浏览虚拟硬盘文件，另外单击"删除"按钮可以删除虚拟硬盘，这项操作不会删除虚拟硬盘文件，而只是删除虚拟机和虚拟硬盘之间的连接。单击 DVD 驱动器可以修改 DVD 驱动器所在的控制器和控制器的位置，可以指定驱动器要使用光盘映像文件还是物理光驱。

⑥ SCSI 控制器：可以向虚拟机中添加 SCSI 硬盘驱动器或者共享驱动器。

⑦网络适配器：可以设置虚拟机的网络适配器和 VLAN，以及设置虚拟机的带宽管理。可以设定虚拟机的最大带宽和最小带宽，另外还可以移除网络适配器。

⑧ COM1/COM2：设定虚拟机的 COM 端口配置。

⑨软盘驱动器：可以设定虚拟机的软盘驱动器或者虚拟软盘文件。

管理部分的设置下如下。

①名称：可以修改虚拟机的名称，还可以填写虚拟机的相关说明。

②集成服务：选择 Hyper-V 为虚拟机提供哪些服务，可以通过勾选来选取。

③检查点：可以设定虚拟机的检查点选项，检查点是将虚拟机的数据做快照处理，如果虚拟机出现问题，可以利用检查点快照将虚拟机系统恢复至创建检查点时的状态，还可以设置检查点文件存放的位置。

④智能分页文件位置：选择存放虚拟机只能分页文件的磁盘位置。

⑤自动启动操作：可以选择当物理计算机启动时虚拟机要执行的操作。

⑥自动停止操作：可以选择当物理计算机关机时虚拟机要执行的操作。

14.1.5 管理和设置 Hyper-V 服务器

14.1.4 小节介绍了 Hyper-V 中虚拟机的设置，本节介绍 Hyper-V 服务器的相关管理和设置选项。

在 Hyper-V 管理器窗口中，单击选中左侧的服务器，在管理器的右侧窗口中会出现相关的管理和设置菜单，如图 14-22 所示，下面详细介绍各个菜单。

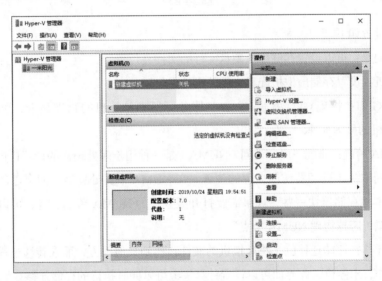

图 14-22

（1）新建：在服务器上新建一个虚拟机、虚拟硬盘或者虚拟软盘，单击相应的项目后会出现向导提示相关的操作。

（2）导入虚拟机：可以导入在别的计算机上创建好的虚拟机或者本地计算机导出的虚拟机备份。

（3）Hyper-V 设置：单击打开 Hyper-V 设置窗口，如图 14-23 所示。Hyper-V 设置窗口提供了丰富的设置功能，分为"服务器设置"和"用户设置"两个部分。

图 14-23

服务器设置如下。

①虚拟硬盘：可以设置存储虚拟硬盘文件的文件夹位置。

②虚拟机：设置存储虚拟机配置文件的文件夹位置。

③物理 GPU：物理 GPU 就是 Hyper-V 服务器所在计算机的物理显卡，可以使用物理 GPU 为虚拟机的显示加速。

④NUMA 跨越：非统一内存访问（NUMA）是一种用于多处理器的计算机记忆体设计，内存访问时间取决于处理器访问内存的位置。在 NUMA 下，处理器访问自己的本地存储器的速度比非本地存储器快一些，如果需要打开服务器的 NUMA 跨越功能，可以勾选此界面的"允许虚拟机跨越物理 NUMA 节点"。

⑤存储迁移：存储迁移就是将虚拟机的文件转移到其他地方，而在转移过程中，虚拟机一直保持运作，不停机。此界面可以设置计算机上可以同时执行的存储迁移数量。

⑥增强会话模式策略：增强会话模式允许虚拟机使用 Hyper-V 服务器所在计算机的剪贴板、声卡、智能卡、打印机、即插即用设备和访问计算机的硬盘。在此界面可以设置是否开启 Hyper-V 服务器的增强会话模式。

用户设置如下。

①键盘：可以设置当连接到虚拟机后，虚拟机如何使用计算机上的快捷键。有在物理计算机上使用、在虚拟机上使用、仅当全屏幕运行时在虚拟机上使用 3 种，默认选择的是在虚拟机上使用。

②鼠标释放键：设置当虚拟机未安装虚拟机驱动程序时释放鼠标的快捷键，单击下拉框可以更改快捷键。

③增强会话模式：设置当虚拟机支持增强会话模式时，连接到虚拟机时是否开启增强会话模式。

④重置复选框：单击"重置虚拟机"按钮，可以清除选中时隐藏页面和消息的复选框。

（4）虚拟交换机管理器：单击可以打开虚拟机管理器窗口，在窗口内可以创建虚拟交换机。14.1.6 小节将进行详细介绍。

（5）虚拟 SAN 管理器：单击可以打开虚拟 SAN 管理窗口，可以在窗口内创建新的 SAN 或者管理现有的 SAN。

（6）编辑磁盘：单击可以打开编辑磁盘向导，可以对选择的虚拟磁盘进行编辑。分别是压缩：压缩虚拟磁盘文件的大小，压缩后虚拟磁盘的容量不变，但是虚拟磁盘的文件大小变小。转换：将内容复制到新的虚拟硬盘来转换虚拟硬盘，新的虚拟硬盘可以与原来的虚拟硬盘使用不同的类型和格式。扩展：可以扩展虚拟磁盘的容量。

（7）检查磁盘：可以检查虚拟磁盘信息。

（8）停止服务：停止 Hyper-V 服务器的服务。

（9）删除服务器：删除连接到的服务器，只是删除的服务器的连接信息，可以重新连接到服务器进行服务器的管理。

（10）刷新：刷新当前服务器的信息。

14.1.6　配置虚拟机的网络连接

Hyper-V 通过一个虚拟的交换机来实现与 Internet 的链接，虚拟交换机有 3 种类型，下面分别介绍。

- 外部交换机：外部交换机可以使虚拟机连接到 Internet，如果虚拟机连接到外部交换机，那么虚拟机就相当于网络上的一台计算机，可以访问 Internet 网络上的其他计算机，在虚拟机内的各种联网程序可以正常的使用。
- 内部交换机：内部交换机只允许虚拟机连接到服务器主机，无法连接到 Internet，虚拟机相当于连接到了一个内部网络，外部的计算机无法访问到虚拟机。
- 专用交换机：专用交换机只允许虚拟机直接互相访问，虚拟机既无法连接到 Internet，也无法连接到服务器主机。

下面通过外部交换机来介绍如何配置 Hyper-V 虚拟网络，具体操作步骤如下。

（1）打开 Hyper-V 管理程序后，单击 Hyper-V 管理器窗口右侧的"虚拟交换机管理器"，如图 14-24 所示。

图 14-24

（2）在打开的虚拟交换机管理器窗口的右侧选择"外部"，然后单击右侧的"创建虚
　　拟交换机"按钮，如图 14-25 所示。

图 14-25

（3）在弹出的界面中，可以设置虚拟交换机的名称，然后可以填写虚拟交换机的详细
　　说明，用于后来的管理和维护用。在连接类型处，单击右侧的下拉框可以选择要
　　连接到的网络适配器，设置完成后，单击"确定"按钮，如图 14-26 所示。

图 14-26

（4）选择虚拟机，单击右侧的"设置"打开虚拟机的设置页面，然后单击左侧的"网络适配器"，在右侧的虚拟交换机栏下方单击下拉框，选择刚才设置好的虚拟交换机，完成后单击"确定"按钮，如图 14-27 所示。

图 14-27

设置完成后，虚拟机即可通过本地计算机的网络访问 Internet。

14.2　虚拟硬盘

VHD 格式的虚拟硬盘最开始应用在微软的 Virtual PC 和 Virtual Server 中，作为虚拟机的硬盘进行使用。微软在 2005 年公布了自己的虚拟硬盘的文件格式的技术文档，并且扩大了虚拟硬盘的使用范围，使得虚拟硬盘的应用范围得到了扩大。

从 Windows 7 开始，微软的操作系统开始支持对虚拟硬盘的读写，同时支持从虚拟硬盘启动操作系统，Windows 10 增加了对 VHDX 虚拟硬盘文件格式的支持，下面具体介绍。

14.2.1　虚拟硬盘简介

虚拟硬盘文件可以理解为一块硬盘，在使用上与硬盘的使用一样，可以对其进行分区和格式化操作，与物理硬盘的区别就是虚拟硬盘文件是物理硬盘上的一个文件。

在 Windows 7 和之后的操作系统直接集成了虚拟硬盘文件的驱动程序，这样用户就可以直接访问虚拟硬盘文件中的内容，此时虚拟硬盘文件相当于系统中的一个硬盘分区。在 Windows 10 中还可以通过右键菜单中的装载命令来快速装载虚拟硬盘文件并查看里面的内容。

此外，在 Windows 10 中，新增了对 VHDX 虚拟硬盘文件的支持，下面简要介绍两种虚拟硬盘文件格式。

（1）VHD 虚拟硬盘格式。

VHD 虚拟硬盘格式是早期的虚拟硬盘格式，VHD 是一块虚拟的硬盘，不同于传统硬盘的盘片、磁头和磁道，VHD 硬盘的载体是文件系统上的一个 VHD 文件。如果仔细阅读 VHD 文件的技术标准，就会发现标准中定义了很多 Cylinder、Heads 和 Sectors 等硬盘特有的术语来模拟针对硬盘的 I/O 操作，既然 VHD 是一块硬盘，那么就与物理硬盘一样，可以进行分区、格式化、读写等操作。

（2）VHDX 虚拟硬盘格式。

VHDX 硬盘格式是用于取代 VHD 的新格式，这一新格式在设计上主要用于取代旧的 VHD 格式，其可提供高级特性，更适合未来虚拟化所需的硬盘格式。VHDX 支持最大 64TB 容量的虚拟硬盘，这样就可以支持大型的数据库并实现虚拟化，VHDX 还改进了虚拟硬盘格式的对齐方式，支持更大的扇区硬盘，可以使用更大尺寸的"块"进而提供比旧格式更好的性能。VHDX 包含了全新的日志系统，可防范由于断电导致的错误，并且可以在 VHDX 文件中嵌入自定义的用户定义元数据，例如，有关虚拟机中来宾操作系统 Service Pack 级别的信息，VHDX 可以高效地表示数据，使文件容量更小，并且允许基础物理存储设备回收未使用的空间。

14.2.2 虚拟硬盘相关操作

Windows 10 的磁盘管理工具提供了对虚拟硬盘相关的管理操作，下面具体介绍。

一、创建虚拟硬盘

（1）鼠标右键单击任务栏左下角开始菜单图标■，在弹出的快捷菜单中单击"磁盘管理"选项，打开磁盘管理窗口，然后单击窗口上方的"操作"菜单，在弹出的下拉列表中单击"创建 VHD"，如图 14-28 所示。

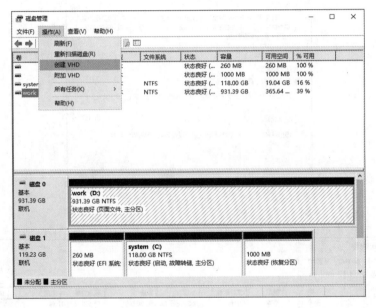

图 14-28

（2）在弹出的创建和附加虚拟硬盘窗口中，单击右侧的"浏览"按钮，可以选择存放虚拟磁盘的位置以及创建虚拟磁盘的名称，然后在虚拟硬盘大小右侧的文本框内，可以输入虚拟硬盘大小的数字，可以选择虚拟硬盘大小的单位 MB/GB/TB，在虚拟硬盘格式栏内，可以选择虚拟硬盘的格式。如果选择的是 VHD 格式的虚拟硬盘，则系统推荐的虚拟硬盘类型是固定大小；如果选择的是 VHDX 格式的虚拟硬盘，则系统推荐的虚拟硬盘类型是动态扩展；当然也可以不按推荐设置进行选择。

设置完成后，单击"确定"按钮，如图 14-29 所示。

（3）稍后系统会完成虚拟磁盘的创建并将虚拟磁盘附加到磁盘管理器上，这时候显示的是虚拟磁盘没有初始化，虚拟磁盘还无法使用，用户需要对磁盘进行初始化后才可以使用，右键单击虚拟磁盘，在弹出的快捷菜单上单击"初始化磁盘"，如图 14-30 所示。

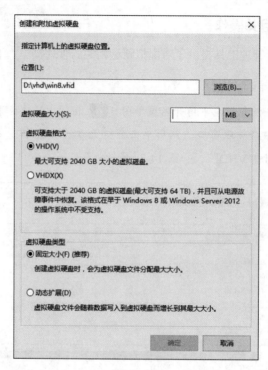

图 14-29

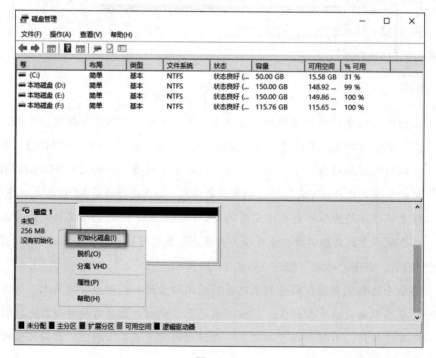

图 14-30

（4）在弹出的"初始化磁盘"窗口内选择刚才创建的虚拟磁盘，然后选择好分区形式，
单击"确定"按钮，如图 14-31 所示。

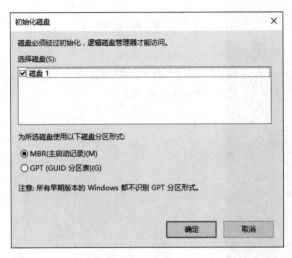

图 14-31

（5）初始化完成后，即可对未分配空间进行格式化和分区操作。右键单击未分配的空间，
然后在弹出的快捷菜单中单击"新建简单卷"，如图 14-32 所示。

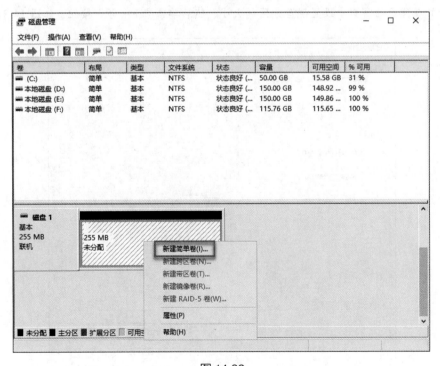

图 14-32

（6）在弹出的新建简单卷向导窗口，单击"下一步"按钮，如图 14-33 所示。

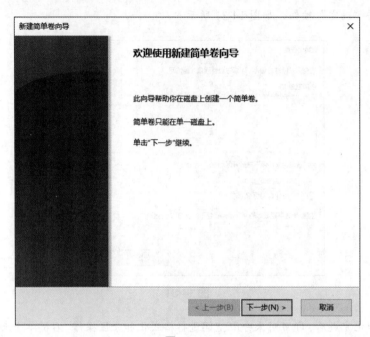

图 14-33

（7）在弹出的窗口中设置磁盘分区的大小，然后单击"下一步"按钮，如图 14-34 所示。

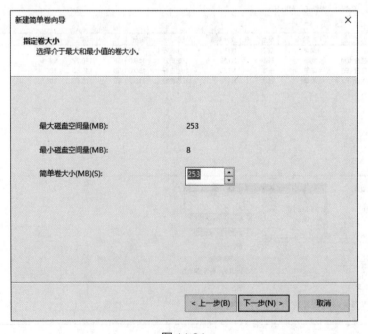

图 14-34

（8）在弹出的窗口中，选择要分配的驱动器号，单击"下一步"按钮，如图 14-35 所示。

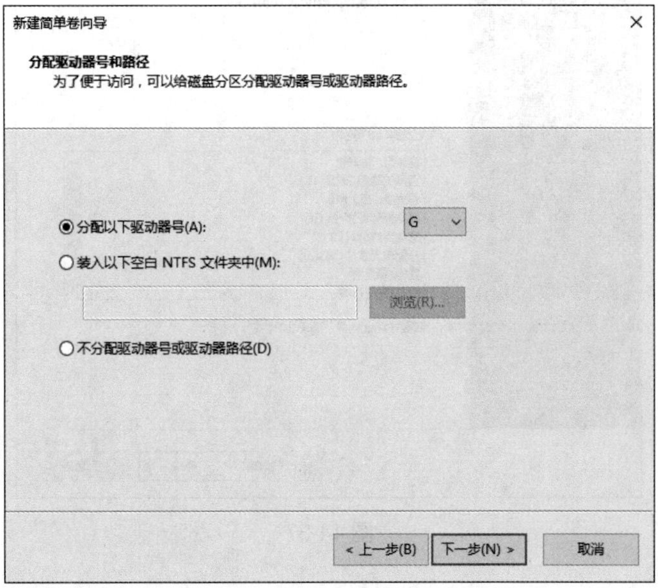

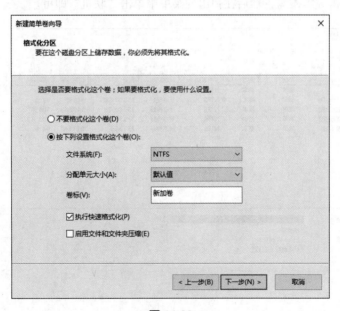

图 14-35

（9）选择分区的格式和分配单元的大小，单击"下一步"按钮，如图 14-36 所示。

图 14-36

（10）单击"确定"按钮，等待一段时间后，磁盘分区就创建完成，如图 14-37 所示。

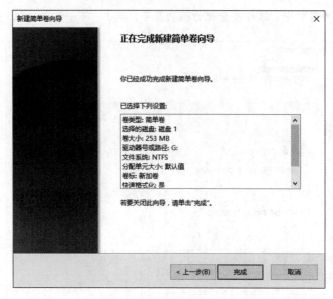

图 14-37

二、脱机

　　右键单击虚拟磁盘，然后在弹出的菜单中单击"脱机"，如图 14-38 所示。脱机后磁盘不可用，右键单击虚拟磁盘，然后在弹出的菜单中单击"联机"即可。

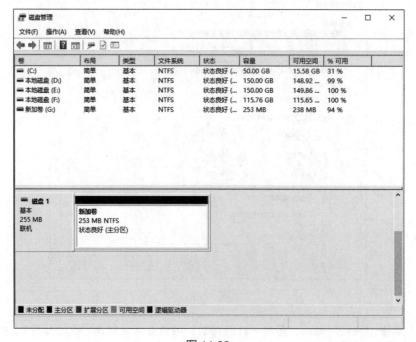

图 14-38

三、分离 VHD

分离 VHD 命令就是断开操作系统与虚拟磁盘的连接，相当于从计算机中移除移动硬盘。

14.2.3 在虚拟硬盘上安装操作系统

既然虚拟硬盘的使用与物理硬盘一样，那么是否可以把操作系统安装到虚拟硬盘上呢？答案是可以，但是用常规的办法无法完成安装操作。需要使用命令行工具来进行操作系统的安装，下面具体介绍如何操作。

（1）创建一个固定大小的虚拟硬盘文件，虚拟硬盘大小要大于 30GB，然后在此硬盘上创建主分区，并为其分配一个盘符，盘符为 M:，如图 14-39 所示。

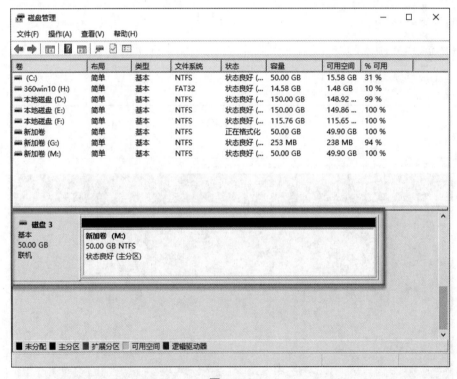

图 14-39

（2）以安装 Windows 7 为例，首先复制安装光盘内的 install.wim 文件到计算机的硬盘内，这个文件在安装光盘的 sources 目录下，如图 14-40 所示，此处将其复制到 E:\WIN7 目录下。

（3）打开 DOS 窗口，以管理员身份运行命令提示符，然后输入 dism /apply-image /imagefile:e:\win7\install.wim /index:1 /applydir:f:\ 命令，如图 14-41 所示。

图 14-40

图 14-41

（4）操作完成，如图 14-42 所示。

（5）重新启动计算机，虚拟硬盘的 Windows 7 已经出现在启动项里，稍后按照提示安装 Windows 7 即可，此处不再赘述。

图 14-42

14.2.4 转换虚拟硬盘的格式

VHD 和 VHDX 的虚拟硬盘文件格式各有各的优点，有时候需要实现某种功能的话，之前创建的文件格式可能不适合，这时候如果可以更改虚拟硬盘文件的格式就好了。下面介绍如何进行虚拟硬盘格式的转换。

（1）打开 Hyper-V 管理器，在打开的窗口中单击右侧的"编辑磁盘"选项，如图 14-43 所示。

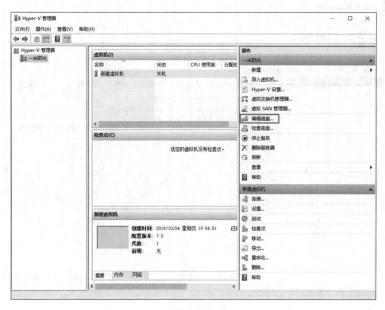

图 14-43

（2）在弹出的向导窗口，单击"下一步"按钮，如图 14-44 所示。

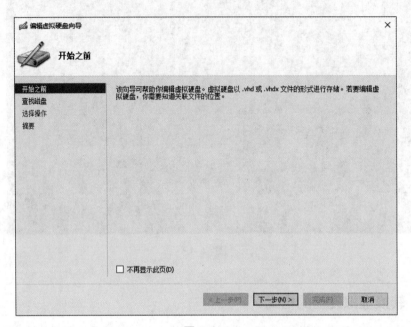

图 14-44

（3）在查找虚拟硬盘界面，单击右侧的"浏览"按钮，打开虚拟硬盘所在的文件夹，
　　　选择虚拟硬盘文件，然后单击"下一步"按钮，如图 14-45 所示。

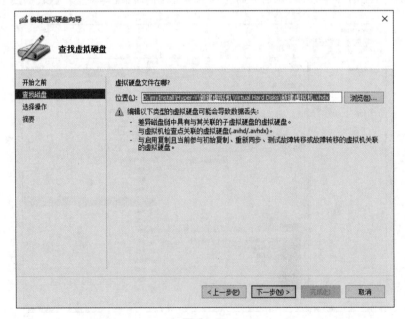

图 14-45

（4）在选择操作界面，选择"转换"选项，单击"下一步"按钮，如图 14-46 所示。

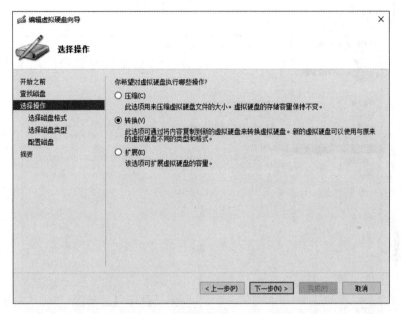

图 14-46

（5）在弹出选择转换后虚拟硬盘的格式窗口中，根据需要进行选择后，单击"下一步"
　　按钮，如图 14-47 所示。

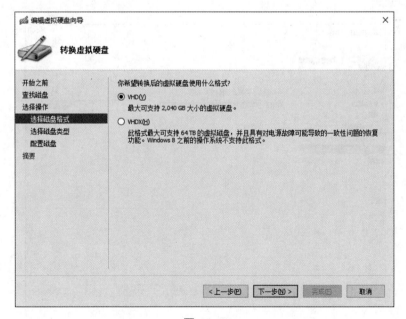

图 14-47

（6）在弹出的选择虚拟硬盘类型界面，选择需要的类型，单击"下一步"按钮，如图
14-48 所示。

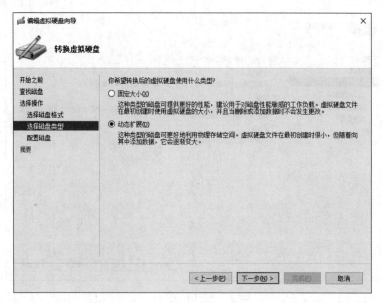

图 14-48

（7）需要选择新的格式的虚拟硬盘的名称和位置，然后单击"下一步"按钮，如图 14-49
所示。

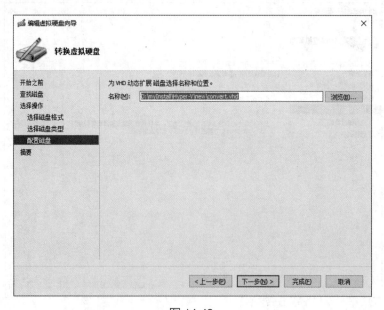

图 14-49

（8）在弹出的摘要界面，确认之前选择的结果，如果有问题，可以单击"上一步"按钮进行修改，如果确认没有问题，单击"完成"按钮，然后等待程序完成转换即可，如图 14-50 所示。

图 14-50

第 15 章

Windows 10 系统故障解决方案

在使用 Windows 10 操作系统工作或娱乐的同时，用户也不得不面对计算机可能出现的各种各样怪异的问题。本章总结在 Windows 10 操作系统中常见的一些问题，并给出详细的解决方案，供用户参考。

15.1 Windows 10 运行应用程序时提示内存不足

现在计算机配备的内存越来越大，4GB 内存已经成为计算机的标准配置，但是在 Windows 10 的使用过程中，有时候仍会出现系统提示内存不足的情况，如图 15-1 所示。

出现这种情况可能是系统中运行的程序太多，占用大量内存；或者是某一应用独占了过多的内存，如 AutoCAD 等大型软件；也有可能是虚拟内存没有启用导致内存不足。出现这种情况，在确认系统没有运行

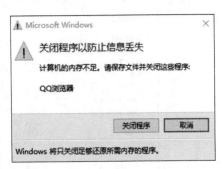

图 15-1

多余的程序后（尤其注意后台运行的程序），可以设置虚拟内存的托管来尝试解决，具体操作步骤如下。

（1）右键单击 ▦ 图标，在弹出的快捷菜单中选择"控制面板"命令，弹出的窗口如图 15-2 所示。

图 15-2

（2）选择"系统和安全"选项，弹出的窗口如图 15-3 所示。

（3）在右侧窗口中选择"系统"选项，弹出的窗口如图 15-4 所示。

（4）选择左侧的"高级系统设置"选项，弹出的对话框如图 15-5 所示。

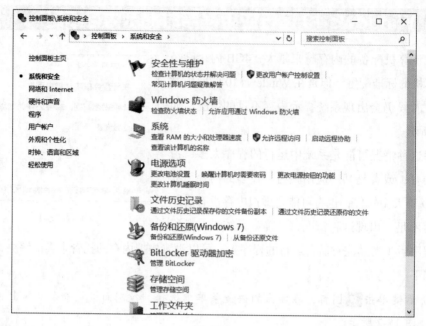

图 15-3

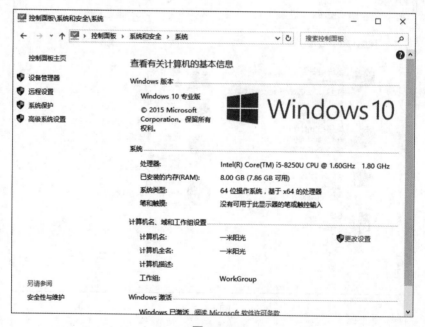

图 15-4

（5）在"高级"选项卡中，单击"性能"区域中的"设置"按钮，弹出的对话框如
图 15-6 所示。

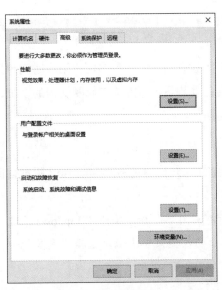

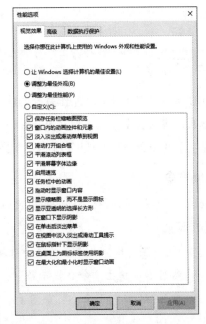

图 15-5　　　　　　　　　　　　　　图 15-6

（6）单击"高级"选项卡，然后单击"更改"按钮，弹出的对话框如图 15-7 所示。

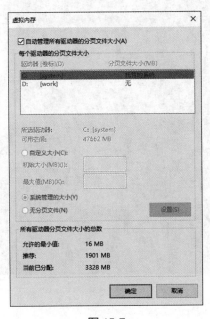

图 15-7

（7）勾选"自动管理所有驱动器的分页文件大小"选项，单击"确定"按钮即可。

这样可以解决部分的内存不足问题，如果需要经常运行大型应用程序或者同时打开很多应用程序时，最好的办法还是追加物理内存。

15.2 无法启动操作系统

有时候会出现无法启动操作系统的状况，遇到这种情况时，许多用户第一时间想到的很可能是通过进入安全模式、使用 Windows PE 或者重装系统等方法来修复受损的系统，其实微软提供了两个命令行工具可以解决大部分的问题。

一、sfc 命令

sfc 命令可以扫描所有保护的系统文件的完整性，并使用正确的 Microsoft 版本替换，具体操作步骤如下。

（1）单击█图标，在弹出菜单中选择"所有应用"命令，展开"Windows 系统"栏，然后右键单击"命令提示符"，在弹出的快捷菜单中依次选择"更多"→"以管理员身份运行"命令，如图 15-8 所示。

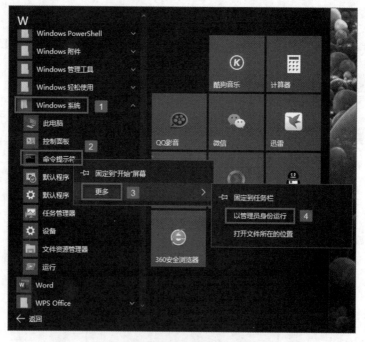

图 15-8

（2）在"命令提示符"窗口内输入"sfc /scannow"后按 Enter 键执行程序，操作系统会对系统组件进行扫描，如果组件有问题时可以自动修复有问题的组件，如图 15-9 所示。

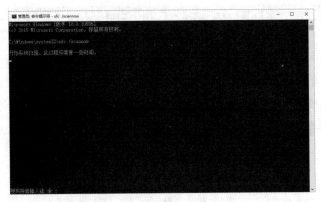

图 15-9

二、dism 命令

dism 命令一般用来部署映像服务和管理，它可以安装、卸载、配置、更新脱机 Windows 映像及脱机 Windows 预安装环境（Windows PE）映像中的功能和程序包，DISM.exe 是一个非常强大的工具，下面用到的只是其一个功能。

首先以管理员身份运行命令提示符，然后在"命令提示符"窗口内依次执行下面的命令。

（1）Dism /Online /Cleanup-Image /ScanHealth：这条命令将扫描全部系统文件并与官方系统文件对比，扫描计算机中的不一致情况。

（2）Dism /Online /Cleanup-Image /CheckHealth：这条命令必须在前一条命令执行完以后，发现系统文件有损坏时使用。当使用 /CheckHealth 参数时，DISM 工具将报告映像是状态良好、可以修复还是不可修复。如果映像不可修复，则必须放弃该映像，并重新开始。

（3）DISM /Online /Cleanup-image /RestoreHealth：这条命令是把那些不同的系统文件还原成官方系统源文件，其他的第三方软件和用户设置完全保留，比重装好多了，而且在扫描与修复时系统未损坏部分正常运行，计算机可以照常工作，如图 15-10 所示。

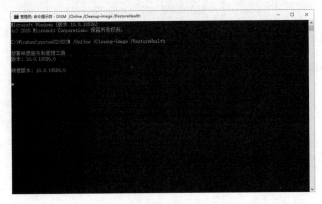

图 15-10

15.3　Windows 10 操作系统中安装软件时出现乱码

有时候在 Windows 10 中安装软件过程中，会遇到乱码的问题，可软件本身并没问题，系统语言也是中文的，一般情况下这是由于语言设置的问题。这个语言设置并不是指软件本身的设置，而是系统的非 Unicode 设置出错导致。下面介绍如何处理，具体操作步骤如下。

（1）右键单击 ▦ 图标，在弹出的菜单中选择"控制面板"命令，弹出窗口如图 15-11 所示。

图 15-11

（2）选择"区域"选项，弹出的对话框如图 15-12 所示。

图 15-12

（3）选择"管理"选项卡，如图 15-13 所示。

（4）单击"更改系统区域设置"按钮，弹出的对话框如图 15-14 所示。

图 15-13

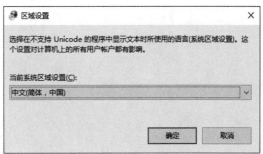

图 15-14

（5）将当前系统区域设置选择为"中文（简体，中国）"，单击"确定"按钮。

（6）将软件卸载并重新安装即可正常显示中文。

15.4 "开始"屏幕磁贴丢失

有时候会出现开始屏幕上的磁贴丢失的情况，多数情况下，磁贴消失是因为将这个磁贴设置为了"从开始屏幕取消固定"，再次将其调用显示出来即可，具体操作步骤如下。

单击▇图标，选择"所有应用"命令，找到丢失磁贴的应用程序，然后右键单击，在弹出的快捷菜单上选择"固定到开始屏幕"命令，如图 15-15 所示。当再次打开开始屏幕时，即可看到丢失的磁贴。

图 15-15